传媒与文化书系

中国青少年网络素养的日常经验与时代图景

高胤丰◎著

中国传媒大学出版社
·北京·

CONTENTS

目 录

绪论　网络素养与中国青少年

一、研究背景

媒介技术的出现与发展引领了媒介与社会的巨大变革。从古代文字与纸张的出现打破了时间桎梏，使得历史被书写保存，流传千古，到工业化时期电缆的铺设与连接打破了空间限制，创造信息即时传输的可能，再到信息时代在网络内的自由穿梭，“把地球村从比喻变成了接近于现实的白描”[①]。智能手机、平板电脑这些具有集成性功能的移动设备，取代了过去繁重冗杂的电子计算机设备；而未来，VR眼镜等可穿戴设备又将继续改变人们对于媒介设备的认知与期许。技术的发展，让人们对未来充满了无尽的想象，一切似乎都难以捉摸，无法用常识来定义。媒介技术就这样悄无声息地进入了人们的日常生活，由媒介建构的社会包裹着在线化生存的人类。“21世纪新媒介、数字化技术以及它建构的现实环境，已经远远超出了工具的意义。它已经内化为一种新的、普遍的存在方式、实践方式以及与之相连的交往与生活方式和一种新的视域和思维”[②]。在互联网搭建的媒介空间中，所有现实的社会关系都能复制和挪移，所有现实中无法达成的目标也都能体验与补偿。

互联网在全球化的浪潮中快速演化为覆盖全球的、庞大的超媒体信息网络。或许在其诞生之初我们就已窥探到，互联网技术的发展趋势是：不断降低使用门槛、贴近普通受众，让越来越多的人拥有掌握媒介技术的权利与能力。超文本（Hypertext）与图形用户界面（Graphic User Interface）技术的创造推动互联网进入了寻常百姓家。蒂姆·博纳斯－李（Tim Berners-Lee）发明的万维网（World Wide Web）帮助众多互联网用户“网上冲浪”，触及网络资讯，并将分散在世界各地的人们相互联结，开启了全

---

① 莱文森．数字麦克卢汉——信息化新纪元指南［M］．何道宽，译．北京：社会科学文献出版社，2001.

② 闵惠泉．真实与虚拟：新媒介环境下的追问［J］．现代传播（中国传媒大学学报），2010（2）：110-113.

球传播时代的交互狂欢。

互联网的发明获得了全世界人民的“簇拥”，其影响力至今仍在不断上升，未见颓势。国际电信联盟（ITU）发布的《2023 年事实与数据》（*Facts and Figures 2023*）年度报告显示，全球有 54 亿人在使用互联网，占全球人口的 67%。互联网用户人数较 2022 年上升了 4.7%，且在全球各地区均呈现上升趋势。[①] 互联网已然成为现代信息社会的核心支柱，人们难以回到没有互联网的时代。未来，互联网将继续书写属于其自身的、独特的技术神话，创建智能性强、开放性高的包容更多展演用户的超级平台。

中国全功能接入互联网的二十余年内，互联网迅猛、全方位地渗透到各个领域，营造了全新的媒介环境，包括了政治意识、经济水平、文化形态、媒介属性等要素，相互作用，产生深刻影响，更重塑了人们进行信息传递、社交互动等行为习惯，改变了人们的日常生活方式。

在政治方面，网络成为开发公共服务与公共治理模式的新途径。网络政治学（cyber politics）、数字民主（digital democracy）、网络行动主义（internet activism）等术语的出现，体现了互联网的使用对现代民主实践发展的推动性作用，反映了公众获取政治资讯、表达政治观点、参与政治活动的意愿。互联网开放、透明、及时、匿名的特性，激发了政治行为效能，具体体现在“个体转化、群体关系，集体行动，影响政权政策和吸引外部”[②]。互联网打通了信息传播的双向通道，赋予了公众更多的权利。除了将网络作为政治信息的主要来源，互联网主体还可以自下而上地发出草根声音，自发自觉地形成舆论监督，激发民众参与政治的热情，促使网络公民社会崛起。政府组织的政务工作转移到网络空间中，作为互动性的媒介，回应了网民的政治需要与诉求，加强了互联网用户与公共领域的直接对话，强化了网络社会联结。同时，中央网信办、国家网信办、中国网络社会组织联合会等部门，也进一步加强了网络空间的规范性，营造良好网络生态，保障公民、法人和其他组织的合法权益，维护国家安全和公共利益。

在经济方面，网络激发商业发展与数字经济新动能。《二十国集团数字经济发展与合作倡议》将数字经济定义为“使用数字化的知识和信息作为关键生产要素、以现代信息网络作为重要载体、以信息通信技术的有效使用作为效率提升和经济结构优化的重

① ITU. New global connectivity data shows growth, but divides persist［EB/OL］.（2023-11-27）［2024-01-29］. https://www.itu.int/en/mediacentre/Pages/PR-2023-11-27-facts-and-figures-measuring-digital-development.aspx.

② 臧雷振，劳昕，孟天广 . 互联网使用与政治行为——研究观点、分析路径及中国实证［J］. 政治学研究，2013（2）：60-75.

要推动力的一系列经济活动”[①]。互联网颠覆了以往的经济与商业模式，“互联网+”新兴产业迅速崛起。在与传统产业的融合共生中，创新产业模式与运营机制改变了“交易场所、交易时间、交易品类、交易速度”[②]，新服务、新模式、新业态不断涌现。以信息传播技术为基础的数字经济（digital economy），成为中国社会经济发展的新常态。生产者与消费者共同进入价值创造的场域，形成社群模式，实现价值互动；资源配置优化，驱动推进供给侧改革，从技术驱动到应用驱动，面向生活服务，聚焦用户优势，开辟我国新时代互联网与数字经济的发展空间。特别是在新技术加持下，诸多创新经济形态与产业形式不断涌现，不断创造经济价值。

在文化方面，网络的发展使文化繁荣与知识生态焕发新气象。互联网通俗、多元、兼容、并包的特性迎合了人民群众的文化需求，渗透社会生活各个领域，促进了网络文化的形成，显现出蓬勃的生命力。如“萌萌哒”“佛系”等网络用语揭露了中国网络用户阶段性的文化现象。在网络中主流文化与亚文化和谐并存，网络文学、网络视频、网络游戏、网络文艺等文化产业百花齐放，欣欣向荣，激励文化创新，推动文化繁荣进步。特别是青少年群体在其中的能动展演，形成了更替快、碎片化的“文化阳台”。此外，知识的生产与获得也变得更加容易。互联网为用户生产内容（UGC）与专业生产内容（PGC）都提供了便捷的渠道与平台，鼓励大众化的参与、创作与分享，增加作品的流通可及性。同时，技术的异化引起了人们对知识产权保护、网络伦理道德、法律法规等方面的重视，越发自觉维护网络空间生态平衡。

网络空间是现实的镜像，通过对现实的参照和模仿，构建出独特的环境特征，随后反哺现实，参与现实的塑造。网络空间挑战了标准物理空间与时间属性，无法定位，却又无处不在。一方面，网络空间具有排斥性，用户只有真正浸润其中才能感知到网络空间的存在；另一方面，网络空间又具有极强的包容性，鼓励个体突破时空障碍与技术壁垒，参与其中进行交往与交流。依托人们的知觉与知识经验，网络空间成为真正意义上的“之中的存在”（in–between）。

用户以“文本自我”的化身形式进入网络空间，掌握操控信息字符的巨大能力。符号化、数字化的交互形式，使得用户的主体性与能动性在网络中最大限度彰显，同时网络鼓励用户积极地与他人联系。基于兴趣、友情、亲密关系等驱动力，发展出网络空间的“共同体意识”与“全球旨趣”。

---

① G20. 二十国集团数字经济发展与合作倡议［EB/OL］.（2016–09–20）［2019–12–13］. http://www.g20chn.org/hywj/dncgwj/201609/t20160920_3474.html.

② 罗珉，李亮宇 . 互联网时代的商业模式创新：价值创造视角［J］. 中国工业经济，2015（1）：95–107.

对于青少年用户而言，网络空间不仅仅是一个概念，更是他们日常集会、共享、参与、交互的社会性空间，是社会交往的新常态。网络空间中的青少年创造出独特的文化属性与表达方式。青少年在网络空间中的日常实践，呈现了强烈的后现代风格，对于主体自由的过度阐释，增强了现代社会的脆弱性。网络空间在与现实空间日益融合的过程中，也常出现强烈的角色冲突。因此，网络空间更需要内部伦理秩序的健全与网络素养的培育。

近年来，我国加大了对青少年网络保护工作的投入力度，关心下一代茁壮成长。例如，中网联在2021年、2022年连续两年召开“未成年人网络保护研讨会”，并成立中国网络社会组织联合会未成年人网络保护专业委员会，吸纳了政府部门、研究机构、网络企业、媒体机构共同保护未成年人合法网络权益，营造健康、文明、有序的网络环境。2022年，开办“国家网络安全宣传周青少年网络保护论坛”，发布了团体标准《网络信息内容服务平台未成年人网络保护管理规范》和《未成年人数字社会认知调查报告（2022）》，助力未成年人健康发展。

对于广泛的青少年群体而言，需要在不断丰富的日常经验与文化创新中提升网络素养，强调技术能力与科技向善，以帮助网络空间稳定结构，避开潜在风险，防范科技的异化与滥用，保障青少年形成健康的互联网心理素质与良好的行为规范。

二、研究内容

从私人空间中引发无尽想象的广播媒体，到起居室内阖家观赏的电视媒体，再到公共领域集体狂欢的网络媒体，媒介技术的快速发展引发了个体媒介经验的流动与媒介环境的重构。以互联网为代表的新媒介技术嵌入生活方式中，成为人们理解世界的重要工具。

现实社会中，青少年日常化地浸润在网络空间中，形成梅罗维茨（Meyrowitz）提出的移步异景式媒介感知体验。宿舍里，戴着耳机、发出嘶吼的“硬核玩家”正与队友携手“推塔”；地铁上，即便是拥挤不堪的早高峰时段，上班族们也会掏出手机，见缝插针地看几页小说或半集网剧；咖啡馆内，先询问Wi-Fi密码而后点单的公司白领，打开电脑进行户外远程办公；超市结账处，左右柜台分别展开了“微信还是支付宝”“你扫我还是我扫你”的对话；客厅里，“葛优躺”少年一边刷着短视频，一边给智能助手下达指令……尽管大众批判着“低头族”“网瘾少年”，但是技术早已渗入社会环境，强势改写着媒介使用的图景，人工智能生产与元宇宙的风潮，都引导人们完成对未来传播的想象。

通过对新媒介的常规使用，人们进入了模拟现实构建出的拟态环境，完成意念的投射、思想的对话、身体的延展与关系的联结。视频网站的弹幕池犹如鲍德里亚所说的“杂货店”[①]，制造了陌生化的交流与传播场景，形成一种仪式化的观看方式；即时通信软件的群组聊天里，表情包是文本盗猎者们对通俗文化的挪移与转化，是赋予全新意义后用于表演的工具；朋友圈内分享的一张张图片背后，是青少年进行自我编码、确认自身风格的过程尝试[②]，将朋友圈作为表演的前台，构建自我认同；戴上VR头盔，使视野与身体同时进入虚拟现实之后，舍弃了“化身”（avatar）……在网络空间中，青少年主体并非独自行动，而是在接入互联网之时就与其他用户、社群、组织相连。物理空间的界限被打破，公私领域的边界也逐渐模糊。

在网络空间的交往与协商中，青少年互联网用户形成了特有的行为方式，加速了现代社会化的进程，形成了独特的“文化共同体”。换言之，青少年互联网用户具有符号化的特性与社会共识。教育青少年如何使用互联网的初级阶段已经跨过。我们更为好奇的是，青少年在与媒介环境、技术权利互动中持续的、复杂的媒介体验与意义生产。正如亨利·詹金斯（Henry Jenkins）所说，“如果我们不重视培育新技能和利用新技术的文化知识需求，那么我们的关注也只能看到越来越多的新技术的接口本身”[③]。

数字原住民一代的青少年被认为与生俱来就具备掌握新媒介技术的能力。然而，“会用”与“善用”之间的差距又非掌握基础技术即可消失。网络素养充分回应了作为媒介环境的网络空间对处理文化和社会交往方式提出的新要求。网络素养不仅是关于如何理解、解读与批判媒介的素养，而且是关于探索、创新、表达的手段等新媒体技能的素养。青少年需要掌握更多的社交技能，拥有更高的文化素质，进行社会互动与交往，而非停留在自我表达的层面。网络素养的提高除了通过传统的课堂教育，更依赖于青少年在数字化生存中积累具体实践经验，在对网络的试探及摸索中，在与他人的互动与联系中逐渐形成自身的认识。

因此，要了解青少年网络素养的情况，就需要追随他们的使用路径，进入数字场域，深入他们接收并沉浸其中的碎片化、多元化信息的过程。当个体社会化的内在冲突与外部社会的文化冲突发生变化时，当生活方式和价值规范得到更新时，青少年如

---

① 吕鹏，徐凡甲．作为杂货店的弹幕池：弹幕视频的弹幕研究［J］．国际新闻界，2016，38（10）：28–41.

② 闫方洁．自媒体语境下的“晒文化”与当代青年自我认同的新范式［J］．中国青年研究，2015（6）：82–86.

③ JENKINS H. Convergence Culture：Where old and new media collide［M］. New York：New York University Press，2006.

何进行自我展演与表达，如何从“日常生活中的社会经济和文化束缚中解放出来”①，在新情境中开辟新部落、挑战旧有的文化统治秩序成为新的研究焦点。本书通过传播学、媒介社会学、认知心理学、教育学等交叉学科的理路，试图回答以下问题：

第一，探究网络素养的内涵。厘清网络素养的发展谱系，思考如何在一个不断变化更新的环境中概念化、理论化网络素养，寻找网络素养研究的新趋向。

第二，探究我国青少年网络素养现状。通过观察青少年所“居住”的环境的独特之处，以及日常生活中的媒介实践与创新，发现它们如何影响青少年的网络素养能力，对青少年的网络素养做出深描。

三、核心概念

本书以网络素养、青少年、日常经验与文化创新为关键词，深入探讨青少年在网络空间的日常实践与意义建构的过程，清晰地展示各个概念之间的联系（如图 0.1）。其中，青少年是网络空间的行为主体与主要构成，在进入网络空间后，青少年一方面感知并探索着网络空间的复杂性与多元性，形成良好互动，并逐渐地内化在日常生活中，形成日常经验；另一方面，青少年在网络空间发挥积极的能动性，结合自身经验，提出新解释、新概念、新假设，参与到网络空间的建构中，对原有的文化形式进行着亚文化式的重塑。日常经验为文化创新提供了生产的动能，文化创新为日常生活提供了全新的经验。网络素养将助力青少年在网络化生存过程中，更好地完成日常经验积累与文化创新，不断提高和完善探索网络空间的能力，实现个体发展与自我成长。

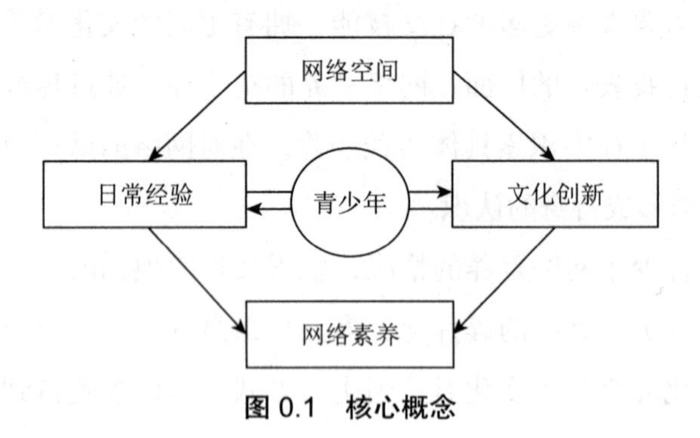

图 0.1　核心概念

① 曾一果 . 新媒体与青年亚文化的转向［J］. 浙江传媒学院学报，2016，23（4）：2–8.

（一）网络素养

1. 概念界定

在互联网的语境下，网络素养成为新时代媒介素养的延展。进入网络空间是数字原住民完全参与到公共社群和经济生活中的重要能力与前提条件。麦克卢尔（McClure）首先定义网络素养为识别、访问并使用网络中的电子信息的能力，是“网络素养、媒介素养、计算机素养以及传统素养的结合”[①]，是网民在个人生活及工作中高产高效的重要基础。沃克（Walker）认为网络素养意味着把用户和他人的表达连在一起，并邀请他人进行评论与互动[②]。美国新媒介联合会的报告中提到，21 世纪的新媒介素养是“由听觉、视觉及数字素养相互重叠共同构成的一套能力。其中包括对视听力量的理解力、识别力和使用能力，对数字媒体的掌握与转换能力，对数字内容普遍分发的能力，及对新形式的适应 / 改写能力”[③]。马丁（Martin）与格鲁兹耶茨基（Grudziecki）的研究中，网络素养框架有三个层次：数字能力、数字使用、数字转换。数字能力包括从基本技能到分析技能的高阶 / 低阶思维技能；数字使用则是数字能力在特定领域的应用；数字转换发生在数字使用利用创造力对特定领域进行转换时[④]。霍华德 - 莱茵戈尔德（Howard–Rheingold）考察了年轻人如何使用信息、技术媒介及年轻人与信息、与他人间的联系方式，认为有五种关键素养，包括“专注、参与、协作、对信息的批判性吸收（垃圾识别）以及联网技巧”[⑤]；喻国明等将网络素养总结为“一种基于媒介素养、数字素养、信息素养等，再叠加社会性、交互性、开放性等网络特质，最终构成的相对独立的概念范畴”[⑥]；也有学者将网络素养视为媒介素养的子概念，在强调信息分辨能力的同时，还囊括“恰当使用网络的自控能力，以及规避网络危险的自我保护能力”[⑦]；网络素养还应当包括非认知因素，即意识与道德[⑧]。

综合国内外学者对于网络素养的界定，网络素养是媒介素养在新媒介环境的延伸与发展，是正确使用和有效利用网络的知识、能力、意识的综合体现，包含以下三方

① MCCLURE C R. Network literacy：a role for libraries?［J］. Information technology and libraries，1994，13（2）：115.

② WALKER J. Weblogs：learning in public［J］. On the horizon，2005，13（2）：112–118.

③ THE NEW MEDIA CONSORTIUM. A global imperative：the report of the 21st century literacy summit［R］.Austin: the new media consortium，2005.

④ MARTIN A，GRUDZIECKI J. DigEuLit：concepts and tools for digital literacy development［J］. Innovation in teaching and learning in information and computer sciences，2006，5（4）：249–267.

⑤ RHEINGOLD H. Net smart：how to thrive online［M］. Boston：Mit Press，2012.

⑥ 喻国明，赵睿 . 网络素养：概念演进、基本内涵及养成的操作性逻辑——试论习近平总书记关于“培育中国好网民”的理论基础［J］. 新闻战线，2017（3）：43–46.

⑦ 王国珍 . 青少年的网瘾问题与网络素养教育［J］. 现代传播（中国传媒大学学报），2015，37（2）：143–147.

⑧ 王秋思 . 浅议信息时代学生的媒体素养教育［J］. 新闻界，2009（6）：95–96.

面内容：一是正确、有效地使用网络的知识技能。即网民对网络设备使用相关技术的掌握，以及利用互联网进行通信、社交、商务、学习等活动的能力。二是对网络信息的获取、理解、分析和评价，即网民在网络信息海洋中寻找自己所需的有效内容的能力，对信息的准确性、真实性和权威性进行核查并作出正确加工和取舍的能力。三是利用网络进行沟通交往时必备的法律和伦理道德修养，即网民在使用互联网时，对自己所发布或传播信息的社会影响进行评估，避免对他人或对社会公共权利造成危害。

2. 中国青少年网络素养

青少年的在线化生存已是时代的潮流，青少年网民规模不断扩张。网络空间别致的景观除了为青少年拓宽学习渠道、拓展社会空间、积攒媒介经验，也在意识形态和文化领域对青少年造成潜移默化的影响。青少年的网络使用现状反映了诸多伴生性问题，如道德失范、价值偏离、行为越轨等。青少年网络素养及其教育问题已经成为全球媒介教育的关注焦点。

提升青少年网络素养，是解决现有问题，充分发挥互联网积极作用的重要举措①。提升网络素养的目标，不仅是让青少年掌握基础的在网络空间中生存的能力，防范不健康的使用可能引发的后果，避免对青少年的身心健康产生不良影响；更重要的是，通过赋权促进青少年在网络空间的日常实践中全面发展，提升自我，展开思考，建设性地使用网络，加速自身的社会化，“实现人的本质力量的最大化”②。

中国青少年网络素养是基于新时代培育“中国好网民”的重要精神提出的。尽管网民初次触网时间大大提前，越来越多的青少年伴随技术成长，但我国青少年对于媒介知识的了解仍处于自学、自发的阶段，未能形成完整的教育体系理论。在我国政府话语体系中，网络素养与网络文明密切相关③。自2016年起，国家出台了一系列与“网络素养”相关的文件，引导青少年科学、健康地应用互联网，提升全民网络素养，增强网络安全意识、规范网络行为。中国网络社会组织联合会未成年人网络保护专业委员会指出，“学校要强化教育的主阵地作用，加强网络素养教育，上好网络安全教育课，培养学生科学、文明、绿色上网理念，预防和干预未成年人网络沉迷，强化网络安全意识，杜绝网上不良行为”。

尽管对于网络素养教育的呼唤早已发出，网络素养教育的重要性也被承认，但网络素养教育暂时还未被纳入全方位的义务教育中，形成系统的教学体系。网络素养教

① 朱美燕．青少年网络素养教育紧迫性刍议［J］．当代青年研究，2011（10）：25–28.

② 朱美燕．青少年网络素养教育紧迫性刍议［J］．当代青年研究，2011（10）：25–28.

③ 高欣峰，陈丽．信息素养、数字素养与网络素养使用语境分析——基于国内政府文件与国际组织报告的内容分析［J］．现代远距离教育，2021（2）：70–80.

育呈现出碎片化、工具化、浅表化等特征，未能将技术与文化进行有机的结合。

国内网络素养与网络素养教育的研究与实践还处在知识积累的发展阶段，现有研究仍停留在概念研究、教育倡导、比较研究等方面。大中小学的网络素养教育尚未普及，仅在少数高校与个别发达城市展开试点。西方发达国家现有的较为成熟的网络素养教育范式，由于国情差异，无法完全移植。

国内高校先后成立专门研究机构，探索我国网络素养教育。例如，北京联合大学于2018年在北京市网信办指导下成立了网络素养教育研究中心，是我国第一家以提高全民网络素养教育为主要目标的研究中心，发布了《网络素养标准评价手册》，并创办《网络素养研究》辑刊。2020年，天津市委网信办和天津大学携手共建天津市网络素养研究中心，北京师范大学新闻传播学院和腾讯社会研究中心共同成立未成年人网络素养研究中心。

以中国网络实践为基础的网络素养研究，对于构建网络空间命运共同体也具有重要意义。青少年担负着振兴国家和民族的重任，是主流意识形态的询唤主体。自上而下打造的青少年网民保护体系，为青少年网络化的日常生存提供了保障，一定程度上发挥出“把关人”的效用。本土化的青少年网络素养建设工程仍需要进一步的探索，以发挥出家庭、学校、社会与青少年的协同作用，让网络素养成为青少年的新本能，从根本层面提升青少年的主动学习与自我教育能力。“保护＋教育”的模式，呼吁学校、家庭、企业多方联动，让青少年接受积极的、正向的网络文化，切实提高青少年的网络素养。

（二）青少年

1. 谁是“青少年”：网络素养的主体族群

20世纪50年代起，青少年被纳入社会人口统计学指标中，但其概念又在60年代被重新打碎。关于青少年的年龄界定仍是模糊的，具有不确定性，通常用于指涉少年（teenager）和 / 或成人（adult）的阶段。青少年的概念，尽管国内外有诸多讨论，却因为世界各国本土政治、经济、文化、社会等，无法进行统一的学术界定[①]。我国对于青少年概念的使用在学术研究、政府文件、媒体报道等方面均采用不同的标准，年龄的上限与下限都有很大的弹性。因此研究者也常常将人口根据出生世代或人生阶段进行划分[②]，根据人口群体因素探讨生命周期的共性。

艾德蒙（Edmund）和特纳（Turner）认为“世代”是“通过将其自身构造为文化

---

① 风笑天．社会学视野中的青年与青年问题研究［J］．探索与争鸣，2006（6）：36-38.

② 龙耘，王蕾．谁是青年：“Y世代”在中国语境中的解读［J］．中国青年社会科学，2015，34（4）：11-16.

身份而具有社会意义的年龄群体"①。出生时段的历史与经济状况发挥着重要作用，个人成长过程中所历经的变化，以及个人的文化解释同样影响着对于世代个体或群体的划分。陶东风将"代"定义为"特定年龄段的个体由于处于相同或相似的社会位置，经历了相同的社会重大事件或社会文化潮流，因此具有了共同或相似的社会经验和群体记忆，并在行为习惯、思维模式、情感结构、人生观念、价值取向、审美趣味等方面表现出共同或相似的倾向"②。代际作为一种工具，使得研究者可以分析随着时间推移而发生变化的群体世界观，描述观点轨迹的异同。

我国在网络素养教育和公众参与方面的价值观念与社会规范，正面临着因青少年导向的媒体与传播格局带来的挑战。信息技术深刻改变了社会基础，网络文化成为划分新世代的依据，数字媒体和通信技术的使用成为衡量青少年与老年人身份的标签。"任天堂一代""PS 一代""赛博小子""拇指一代"等更为细分化的概念被提出。青少年不仅是一种年龄范畴，还是一种文化符号生产、消费与传播的范畴，可以是幻想的身份，也可以指物质的可能性。

多年来，研究者一直认为"青少年文化"与青少年文化实践的特定形式相对应，常聚焦在音乐、影像、文字等直观的表现形式。但随之而来的是对没有强烈风格的"普通"青少年的讨论。网络空间的建构与演化对生活在其中的青少年的社会化进程产生深刻影响。在本土文化与舶来文化，传统文化与现代文化等多元文化的冲突与融合中，中国青少年与新媒介、新技术协同共生，成为中国网络文化中最活跃的主流群体，在互联网中进行着独一无二的、充满符号互动的展演。随着青少年在线实践体量的不断增加，我们更需要透过社会学、教育学、媒体与文化研究等交叉路径，关注新时代中国青少年日常生活的价值与意义，并由此出发，关注青少年网络素养的现状。

本书要讨论的青少年，并不对青少年的年龄进行量化的界定，而是强调青少年的文化身份，聚焦他们的认知与行为。当下的中国青少年，正好是被称为"数字原住民"（digital native）的一代，也被称作"Y 世代 / 千禧一代"（Generation Y/Millennials）、"技术精通者"（tech–savvy）、"网络世代"（net generation）。相较于其父辈，他们在沟通交流、生活方式、关系连接等方面都有着极大的不同。当代中国青少年在日常生活中大规模地使用数字语言。他们将社交网络与即时通信软件作为沟通的手段，利用搜索引擎与短视频平台获取各类新闻与娱乐信息，利用科教视频与在线会议展开数字化的学习。如今，数字原住民是"有着现成模式的新中产阶级，具有的讽刺性挪移的功

---

① EDMUND S J，TURNER B S. Generations，culture and society［M］. London：Open University Press，2002.

② 陶东风 . 论当代中国的审美代沟及其形成原因［J］. 文学评论，2020（2）：135–143.

能，使得他们能够以风格化的伪装去追求青春的假面”[①]。他们带有后现代的文化特质，因混搭的在线参与及创造性的文化产出而获得关注。生活在充斥着电子信息传播技术的网络空间里，移动（mobile）、互联（connected）、创意（creative）成为他们身份的标签与装束，是他们享有权利的重要依据。他们热衷于表达、发现、创造与自我成长，对于新技术的使用习以为常。虽然更新的“Z 世代”（Generation Z）或“后千禧一代”（post-Millennials）日渐崛起，但是对于青春风格与意义的追求依然热烈。

当代青少年成长于中国互联网兴起与飞速发展的时代，从初步联通到完全自动，数字信息化已经覆盖了他们生产生活的所有领域。社会与技术进步促使他们不断学习新的技能与知识以适应环境的变化，克服快速变化带来的不安与恐惧。这也大大增强了他们的可塑性与流动性。借助互联网的力量，他们在网络空间中有意识或无意识地获取信息，形成自我的认同。网络化的思考与表达方式已深深嵌入青少年日常生活。青少年通过网络空间中的展演，形成他们独特的审美旨趣与行为风格。

作为独生子女一代，他们更加强调以自我中心为导向的生活方式，具有更高的独立性与能动性，借助技术的权利创造出符合个人意志的“自我的社会世界”[②]。在虚拟的空间中，他们充分享受不囿于时间与空间的个人时光，充分沉浸在虚拟世界，不被他人打扰，不被他人凝视，在自我表演与群体孤独间逡巡游荡。作为数字化的一代，他们天生是技术掌控者，能够轻而易举地攻克技术问题，寻到接入网络空间的密钥，徜徉在信息的洋流里。新的信息传播技术宛如玩具，他们率先抓住了数字时代的新机遇，乘着互联网、移动技术、社交媒体的东风，构建了个性化的网络，寻找自己的同伴与亲密关系。作为教育程度高的一代，他们更擅长在与知识的对话中获取最新资讯，在与世界接轨、与流行同步中构筑地球村村民的身份，在无形的网络中完成全球化的文化想象。

2. 网络公众：青少年的集体身份

新媒体使青年能够以独特的方式挑战传统的社会规范和教育议程。青少年实践重新定义了参与数字和网络媒体生态的新语态，技术、媒体和公众等元素内化在社会之中，成为形塑文化结构的重要部分。在网络空间中活跃的青少年，其知识、文化、专业等也在媒介化的过程中，成为搭建公共文化建设体系的关键环节。在集体性的社会互动与文化共享中，在信息传播技术媒介化的过程中，逐渐形成社群（community）的

---

① CIESLIK M. Researching youth［M］. Basingstoke：Palgrave Macmillan，2003.
② 米德 . 心灵、自我与社会［M］. 上海：上海译文出版社，2005.

概念。社群是“关联个体和集体的社会性单位”[①]，是话语空间内所有个体的集合。社群内的青少年用户，在社会实际与虚拟现实的交错中，共同形塑认知、行为、身份，完成向“网络公众”（networked public）的转换。

网络公众的讨论最早发源于对“受众与公众”的讨论。索尼亚·利文斯通（Sonia Livingstone）认为媒介化对于公众的形成与再现有着至关重要的影响[②]。在各种大众传播媒介的内化与对话中，在科技进步与媒介规则的碰撞中，受众挑选出适合自己的话语表达方式，如戏谑、嘲讽、挪移等，表现出超乎理解文本的创造力。丹尼尔·戴杨（Daniel Dayan）将这种公众的表达视为集体的表演[③]。青少年向全球转播他们的观点与动力，以提升可见性。信息传播技术为青少年集体智慧的流动与集体行动提供了生态性支持，增加了培育网络集体主义的可能。

网络生态的灵活、自由、多元的特性，赋予了使用者自主建立或重组网络社群的能力，“更多地通过自下而上、自上而下或平等比肩的复杂网络来实现沟通”[④]，将青少年个体视作网络的接口，登录网络公众的集体平台，在不同的网络中自由转圜，并在网络的逻辑中获取资本。

技术推动了青少年网络公众的私有性与流动性。青少年在感觉、思想和行为模式等方面具有高度的相似性[⑤]，他们所构建的话语方式与行为规则主动地将其他群体排除在外，只有属于同一网络中的青少年才能读懂，达成一致。其表达更加自我、张扬、去中心化、不受集体的规训。同时，多渠道的网络让他们有机会进入更加多元的、平行的公共空间，呈现出自我社会化的趋势，在同伴群体中通过参与实现自身的目标，维系流行的趋势。

伊藤（Ito）用“网络公众”来表达青少年参与公共文化的形式。她认为当代青少年在流行文化与公共空间交叉的媒介环境中展示的是“消费者公民身份”[⑥]（consumer citizen）。这种身份是青少年自身社会属性（如阶级、族裔、性别等）与大众文化经验

① ZHANG W. The internet and new social formation in China：fandom publics in the making［M］. London：Routledge，2016.

② LIVINGSTONE S. Audiences and publics：when cultural engagement matters for the public sphere［M］. Bristol：Intellect Books，2005.

③ DAYAN D. Mothers，midwives and abortionists：genealogy，obstetrics，audiences and publics［M］// LIVINGSTONE S.Audiences and publics：when cultural engagement matters for the public sphere. Bristol：Intellect，2005：43–75.

④ VARNELIS K. Networked publics［M］. Cambridge：The MIT Press，2008.

⑤ 陶东风 . 论当代中国的审美代沟及其形成原因［J］. 文学评论，2020（2）：135–143.

⑥ ITO M. Hanging out，messing around and geeking out：Kids living and learning with new media［M］. Cambridge：The MIT press，2013.

共同建构的，具有持久性、可搜索性、可复制性。青少年群体在网络中积极参与政治、经济、文化和知识的生产与流通，展示他们的公共身份、个人网络与社交关系。人际传播、群体传播、大众传播在网络社会与网络公众参与中形成全新的融合传播模式。网络公众的特性在青少年的日常生活中越发显著，成为构成青少年学习与身份的公共特征。网络素养也因此在青少年发展为网络公众的进程中越发重要。

3. 在线生存：青少年的基本常态

流行文本和在线互动为检验中国青少年在社会和文化的议程中富有所有权精神的实践提供了一个有效的窗口。越来越多的研究者开始关注青少年在社会实践、文化世界及媒体互动中所作出的反应。在网络空间中，青少年有着更高的能动性。他们积极地构建自己的社会和文化边界，自觉地建构公共与私人自我，挑战过去的生活习惯，不再作为传统意义上的被动的媒介信息接收者。网络空间成为青少年发挥创造力和发起社会行动的重要场所。学者们用“参与式媒介文化”（participatory media culture）①、“超社会性”（hypersocialality）② 等术语来描述青少年在网络空间中的文化创新。

互联网提供的是一个交织着风格、品位、生活方式与文化实践的平台，为青少年带来更为连续的归属感。新媒体连接线上与线下双重空间，为当代青少年提供了全新的情境；而青少年的线上参与也使得网络空间不断调整以适应他们的品位。他们自我表达、寻求认同、追求自主的方式和途径与上一世代有着根本上的不同。

线上参与推翻了人们过往对知识与文化的了解，实践方式也迥然不同。当前新媒介环境中发生的变革，与社会和文化长期的、系统的变化有着巨大关联。媒介技术的绚丽令人应接不暇。青少年的日常生活实践经验为研究者提供了丰富的一手资料，如社交、学习、娱乐、表达等，使研究者得以探索青少年在新媒体实践中的同一性和多样性，在网络空间中记录更广泛的社会与文化生态。

多元的大众流行文化文本在互联网中浮现，这些文本中包含了网络文化属性，也彰显着当代青年的文化价值取向。曾经被简单归类的在线交流的符号、语言、文本，成为一种传统媒介迫切改变以求适应的基本常态。青少年成为网络空间文化消费的生力军，呈现出异于传统的风格。他们使用技术工具完成内容的生产与文化的搬运，推动新兴互联网产业成形。在媒介使用、信息获取、分享与社交等方面以产消者的身份进行参与式的狂欢，不断地妥协与对抗，具有自发性、时代性、群体性等特征。

---

① JENKINS H. Confronting the challenges of participatory culture：media education for the 21st century［M］. Cambridge：The MIT Press，2009.

② ITO M. Mobilizing the imagination in everyday play：the case of Japanese media mixes［J］. International handbook of children，media and culture，2008，397–412.

（三）日常经验

日常生活理论是西方哲学社会科学的重要流派，关注“自在自发的、经验的活动图式主宰的日常生活领域”①，强调真实的、动态的环境。日常生活包括个体的行为方式、群体的认知知识、代际的信仰实践等②。在互联网高度发展、人工智能方兴未艾的今天，网络空间不再只是工具，更是生活领域的构成，日常生活的一部分。网络空间参与新时代社会生产力与生产关系的环节，打破传统的传播范式，形塑出全新的社会交往环境。随着互联网技术发展，人们置身于虚拟空间中，思考网络技术带来的新的生存方式对于社会生产、个人生活、人际交往等层次的影响。网络空间所提供的居住环境与生存场所宛如生活中的白噪声，人们不仅“习以为常”，并且“以此为生”③。网络空间“是一个与我们的日常现实性紧密交织在一起的空间”④，在线学习、网络娱乐、电子商务、公共服务等成为人们在网络空间中的基础应用，虚拟世界与真实世界的边界逐渐模糊，渗透到日常生活与文化之中，甚至“对我们的日常生活开始了庞大的殖民化”⑤。

日常性、习惯性的媒介使用具有高度的社会性与文化性，使政治、经济、社会、个人生活等领域都发生了巨大的变化。技术 / 媒介与社会 / 文化的耦合并非偶然。在日常化的媒介使用中，个体及其所在的集体搭建了全球化与本土化的意义框架，强调微观实践与物质社会、个体关系与群体关系的联系。将媒介作为一种实践活动进行考察，不仅仅是回答“媒介如何融入社会生活”⑥的问题，更要解决个人发展问题，“从社会生态系统中最基础的行为……去理解信息活动的整个过程”⑦。

中国青少年在网络空间中成长，日常化地体验着网络空间的各项活动，积极地在运用技术的过程中衍生出日常经验与具体意象。网络空间构建的虚拟社区，更呼唤青少年的日常“在场”，积攒经验，分享信息，形成团体。为了获取青少年网络空间的媒介实践经验与行为，需要挪用人类学研究中的民族志方法，进入个体使用媒介技术与数字化生存的具体场景，以诠释与描述网络空间的社会形态与媒介文化形态流动。

日常社会生活中的感性经验，激发青少年个体的媒介兴趣，塑造青少年的媒介人

---

① 谢加书．日常生活理论视阈下的马克思主义大众化传播［J］．教学与研究，2010（5）：42–45.
② 王杰文．日常生活与媒介化的“他者”［J］．现代传播（中国传媒大学学报），2011（8）：19–22.
③ 郭倩．科幻电影及电子游戏中的赛博空间与符码消费［J］．中北大学学报（社会科学版），2020，36（2）：32–38.
④ 穆尔．赛博空间的奥德赛［M］．桂林：广西师范大学出版社，2007.
⑤ 穆尔．赛博空间的奥德赛［M］．桂林：广西师范大学出版社，2007.
⑥ 自国天然．日常生活与数字媒介：一种实践分析取向的出现［J］．新闻界，2019（6）：77–86.
⑦ 杜骏飞，周玉黍．传播学的解放［J］．新闻记者，2014（9）：33–39.

格。对于日常经验的关注，能够帮助我们洞悉青少年的行为，探究他们的生活方式，反思技术主体性与人类主体性对于新时代传播的影响，拓宽实践活动意义，发现他们在媒介的日常经验中所生成的“崭新的带有鲜明代际文化色彩与数字空间趣味的生活风格”[①]。

（四）文化创新

伴随着网络空间这一新型社会空间的出现与日常化，网络文化进入人们的视野，出现在当代文化世界的舞台。网络空间具有后现代的文化印记。网络空间的流动性、去中心化、不确定性等特点，迎合了后现代思潮的转型，充满着戏谑与解构。德勒兹将网络空间视为后现代网络主体身份试验的解放空间[②]。网络空间对现实客体环境的解码，强调了在个体与他者的互动中形成平等对话式的沟通，尊重各方的个性差异，构成无限开放的共同体。

网络空间是一种文化。青少年在网络空间中的实践，产生身份表达、社会互动、媒介产消的新范式。在全媒体的环境中，媒介私有化（media privatization）形塑了青少年的日常生活与文化消费。网络空间与线下空间被切割开来。网络空间作为真实社会的平行空间，有着自己的规则与准则。尽管青少年在地理上是分散的，但是基于共享兴趣的黏合，他们在网络空间重聚。此外，青少年借助网络的匿名性与多样性，塑造出区别于现实世界的第二人格，来表达自我，探索自我。网络空间中的自我本质上是“本我”人格的间接释放。“网络空间打开了身份扮演的可能性，这种扮演是严肃的行为”[③]。青少年通过虚拟实践的方式去行使作为网络公众的权利。

网络空间也是一种文化产物，放在现实社会语境中，思考技术如何作为一种传播工具与手段编入个人日常生活。网络空间中的文化形成，深受线下空间物质存在的影响，并非完全跳出真实时空，而是现实社会的延伸。社会嵌入的网络空间使我们“超越了技术决定论与社会建构论之间的二重性”[④]，更加强调接入、使用、批判、参与的能力，这也是网络素养所强调的诸多维度。

作为网络空间主体，青少年一方面调适自身以适应网络空间的生活样式，另一方面依据自己的媒介偏好，对网络空间进行客制化的改造，迎合自身品位。当代青少年作为第一批“数字原住民”，利用数字技术开展日常学习、工作、交往、游戏等活动，表现出了主动的创造性。全新的、反映青少年代际的、具有数字时代特色的社会规范、

---

① 朱丽丽，李慕琰. 数字体验主义：基于社交网络的青年群体生活风格［J］. 新闻记者，2017（9）：34-42.
② 尤美琪. 超文本的歧路花园：后现代千高原上的游牧公民［J］. 资讯社会研究，2002（2）：1-28.
③ TURKLE S. Cyberspace and identity［J］. Contemporary sociology，1999，28（6）：643-648.
④ MESCH G S. The Internet and youth culture［J］. The hedgehog review，2009，11（1）：50-60.

生活方式与意识形态应运而生，以适应不断变化的媒介环境，解构固态的、中心化的传统社会文化结构与话语关系。

四、理论基础

近年来，我国社会类、文化类网络热点事件频发，以青少年为主体的互联网用户呈现出活跃的参与态势。带有强烈文化标签的各类新型族群不断出现在网络空间中，彰显强烈的“新部落化”特征。性别、年龄、地域、社会经济状态等因素结合青少年原有的日常生活方式，表现出特定的文化共同体特征。青少年越来越乐于投入大量的时间与精力来创建内容，与他人在线共享。然而，青少年在网络空间中的话题生产、文本消费、社群互动等行为长期以来处于自由生长的状态，诸多危机逐渐暴露在公众视野里。在信息传播技术日新月异的新时代，培育青少年网络素养的意义越发重要。

网络素养是正确使用和有效利用网络的知识、能力、意识的综合体现，是媒介技术手段进化发展后对媒介素养概念的拓展，是对互联网主体合法性的认可，是“为在网络空间中传播，通过多种表征形式来生产数字文本的社会媒介化方式”[①]。网络素养的诸多表述，皆用于描述以青少年为主的网民在网络空间的实践与在线参与。技术手段的复杂性与数字文本的多样性，为青少年的网络行为带来诸多可能，也为网络素养及网络素养教育的研究提供了丰富的场景。

青少年在日常生活中参与各种数字文化的行为，体现了当代传播参与、协作的本质特征，反映了青少年对网络社会生存中知识技能建设的诉求。联合国教科文组织等机构致力于政策倡导型的网络素养干预与教育，希望通过课堂教学与课程设计，提高青少年的数字技术，探索新的文化参与形式，完善青少年网络素养知识框架。“没有人能知晓一切；每个人都只能知道一点；如果我们集中资源，结合我们的技能，我们就能把一点拼成一切”[②]。数字技术为个体提供新的方式来实现参与行为，唤起个体加入网络社会的欲望；而对个体的考察又折射出网络世界的复杂性。

网络素养成为新时代媒介素养研究引申出的最引人关注又最亟待解决的议题。政府与学者试图将网络素养纳入全民素养的层次进行讨论。中央网信办网络社会工作局局长章勋宏指出，要“构建面向不同地域、不同年龄段、不同职业人群的网络素养教

---

① ALVERMANN D E. Why bother theorizing adolescents’ online literacies for classroom practice and research? [J]. Journal of adolescent and adult literacy, 2008, 52 (1): 8-19.

② JENKINS H. Convergence culture: where old and new media collide [M]. New York: New York University Press, 2006.

育体系"[①]。互联网技术与互联网参与行为的研究，均为网络素养的新时代框架提供了理论基础。网络素养是"分层次、多领域构成的科学完整的体系"[②]，具有交叉学科的多维属性。因此，本书依托传播学、媒介社会学、心理学与教育学的视角进行研究，对新时代我国青少年的网络素养进行考察与分析。本节将梳理网络素养在不同学科视野中的理论路径发展，以及对青少年网络素养建构的理论支撑。

（一）传播学视野：北美媒介环境学

在人类文明发展进程中，由媒介技术演进而引发的一次次信息技术革命，都对当时的政治、经济、文化、社会环境产生了巨大影响。媒介作为一种符号环境，与作为个体的人类产生了紧密的联结，通过赋权推动个体的自由与解放。网络素养的概念诞生在数字媒介与互联网蓬勃发展的新时代，是媒介素养面向新媒介技术环境所提出的要求。"技术变革不是数量上增减损益的变革，而是整体的生态变革"[③]，牵一发而动全身，创造出新的环境。

北美媒介环境学长期以来关注"人、技术和文化的三角关系"[④]，自麦克卢汉起便着力探讨媒介技术的发展变革对于人类认知及人类文明的关系，提供了丰富的理论支撑。网络素养不仅仅是连接网络、使用网络的技能或浏览互联网信息，更是个体在数字化的网络空间中，完成自我呈现与认同的过程，以及与媒体交往时进行的文化意义的生产。因此，将网络素养放在北美媒介环境学的框架中考察是具有合理性的。

北美媒介环境学与美国的媒介素养教育颇有渊源。理解媒介中心（Center for Understanding Media）与媒介素养中心（Center for Media Literacy）成立的背后，都有北美媒介环境学者的推动[⑤]。他们在20世纪中期就开始呼吁，将不断变革的技术引入学校教育课程，帮助青少年通过正式学习理解媒介。

梅罗维茨在媒介素养讨论的开篇，便确定了讨论素养需要适应当前的媒介环境，认为思考媒介的不同方式将决定如何定义素养或能力的概念，而素养恰恰是受到教育的、有意识的公民所需求的[⑥]。基于媒介理论（medium theory），梅罗维茨描述了三种媒介素养类型，分别为媒介内容素养（media content literacy）、媒介语法素养（media

① 高欣峰，陈丽．信息素养、数字素养与网络素养使用语境分析——基于国内政府文件与国际组织报告的内容分析［J］．现代远距离教育，2021（2）：70-80.

② 白传之，闫欢．媒介教育论：起源、理论与应用［M］．北京：中国传媒大学出版社，2008.

③ 波兹曼．技术垄断：文明向技术投降［M］．北京：机械工业出版社，2013.

④ 林文刚．媒介环境学：思想沿革与多维视野［M］．北京：北京大学出版社，2007.

⑤ 林文刚，邹欢．媒介环境学和媒体教育：反思全球化传播生态中的媒体素养［J］．国际新闻界，2019，41（4）：89-108.

⑥ MEYROWITZ J. Multiple media literacies［J］. Journal of communication，1998，48（1）：96-108.

grammar literacy）与媒介本质素养（medium literacy）。媒介环境的导向关注媒介在宏观与微观层面中对受众的影响。媒介内容素养是指随着媒介形态变化，用户通过不同的方式来阅读文本；媒体呈现的方式和它使用的语言影响着人们对生活的看法，媒介语法素养“要求对个别媒体的具体运作有一定的了解”①；媒介本质素养从媒介环境学派的视角出发，需要掌握每种媒介相对固定的特性对个人传播和整个社会进程的影响。

尼尔·波兹曼（Neil Postman）在建构媒介环境理论时，引用“恒温观点”（the thermostatic view），提出教育能够在文化中起到平衡与制约的作用。波兹曼讨论的“两个课程”，即基于电子媒介的、社会的、非正式的第一课程，以及学校教育的、正式的第二课程，希望通过教育达成社会与文化之间的平衡，避免极化的出现。在保留传统的同时，培养青少年学生的批判性思维，在认识技术、理解技术的基础上，深入探索技术的本质，理性批判媒介内容及其偏向，探讨不断发展的技术如何对媒介、个人与社会产生影响。“恒温”的媒介 / 文化环境观点为冰冷的技术注入了人文关怀、哲学审思与道德批判，青少年个体与媒介环境的关系趋向和谐、健康。

（二）媒介社会学：数字社会化

大众传播媒介的产生与发展，“定义了这个社会符号活动的空间范围和历史时间定位，凝聚了这个社会生产、消费和再生符号的方式和规律”②。网络空间、网络社会的崛起，是“技术、社会、经济、文化与政治之间的相互作用，重新塑造了我们的生活场景”③。作为“人—人”“人—社会”“社会—社会”的中介，媒介在与社会的互相建构中引起人们行为活动、生活方式、媒介感知、自我效能等方面的变化。由互联网技术所引起的“虚拟真实”与“社会真实”的重构，以及网络社会的崛起，再次引发了人们对于媒介与社会议题的讨论。网络素养，从媒介社会学的路径，着重关注了媒介传播主体的社会化、数字化与数字鸿沟问题。

社会化是指“个体在与社会的互动中，逐渐养成独特的个性和人格，从生物人转变为社会人，并通过社会文化的内化和角色知识的学习，逐渐适应社会生活的过程”④。青少年时期的社会化对于个体生命历程尤为重要。当代青少年的社会化进程在日新月异的社会化环境与更新迭代的数字化环境中，受到“家庭、学校、同辈群体、大众媒

---

① MEYROWITZ J. Multiple media literacies［J］. Journal of communication，1998，48（1）：100.
② 潘忠党 . 传播媒介与文化：社会科学与人文科学研究的三个模式（下）［J］. 现代传播（北京广播学院学报），1996（5）：16–24.
③ 卡斯特 . 网络社会的崛起［M］. 夏铸九，等译 . 北京：社会科学文献出版社，2003.
④ 郑杭生，李强 . 社会学概论新修［M］. 北京：中国人民大学出版社，2013.

介等主要的社会化因素”[①]影响，呈现出不同于其他代际的特征。对互联网社会实践所提供的机遇与挑战，班杜拉（Bandura）提出的“社会—认知”理论，着重强调认知因素、环境、个体行为三者之间相互作用。学者们越来越关注青少年“数字社会化”。数字社会化是青少年形成使用数字媒体和互联网的价值判断的过程。随着互联网的出现，媒介环境成为一种全新且重要的社会化因素，社会化研究的重心转向网络空间对于青少年数字社会化所产生的巨大影响。

在新媒介环境中，传统社会化方式开始转向虚拟社会化。网络社会是开放的、流动的、虚拟的，相较于真实社会更为多元与复杂。一方面，“数字原住民”一代的青少年积极拥抱网络空间，主动参与媒介、文化与社会的互动，体现出个性化、差异化的社会化进程，有助于创新性与反权威精神的养成，在自主的学习中掌握相应的技能，通过在拟态环境中的操演，培养顺利进入真实社会的技能[②]；另一方面，网络的混乱与失范，可能引起青少年社会化的混乱，产生“网络成瘾”“网络沉溺”“网络信息不平衡”“交往障碍”“认同障碍”等问题，导致社会化进程失序，社会化方向难以控制[③]。风笑天等认为虚拟社会化和真实社会化的断裂与非连续性所产生的文化冲突和内在疏离，是青少年角色认同危机的深层次原因[④]。数字化使用的长期差异所产生的数字鸿沟，加剧了青少年社会化进程中在社会经济地位上的不平等[⑤]，成为社会化进程的阻碍。

网络素养的培育结合媒介环境变革，通过知识的教育与引导，帮助社会化主体摆脱困境，帮助青少年在认知、学习、近用、批判、参与的积累中，逐步提升批判性思维与正确的自主认知，利用互联网提升创新力与创造力，“学习和内化社会的信仰、价值、规范与社会角色”[⑥]，促进青少年完成自然人向社会人的转化。

（三）心理学：认知心理学

媒介素养研究的社会起源在于讨论大众媒介衍生的通俗文化对青少年所产生的影响。心理学家从20世纪20年代便开始介入考察媒介使用与态度等个体心理的变量对个体行为的影响，如自我效能感、信息焦虑、网络成瘾等。

---

① 风笑天．青少年社会化：理论探讨与经验研究述评［J］．青年研究，2005（3）：1-8.

② 胡建新．网络与青少年：一个充满变量的社会化过程［J］．湖南师范大学社会科学学报，2003（3）：55-58.

③ 孙宏艳．新媒体对青少年社会化的影响及应对策略［J］．中国青年研究，2014（2）：26-32.

④ 风笑天，孙龙．虚拟社会化与青年的角色认同危机——对21世纪青年工作和青年研究的挑战［J］．青年研究，1999（12）：15-19.

⑤ LIVINGSTONE S，HELSPER E. Gradations in digital inclusion：children，young people and the digital divide［J］. New media and society，2007，9（4）：671-696.

⑥ 王勇．媒介新技术、新媒介环境与青少年社会化［J］．湘潭大学学报（哲学社会科学版），2010，34（1）：91-94，98.

波特（Potter）将媒介素养理论视为一种认知方法[①]，用以全面解释我们如何在媒体饱和的社会环境中吸收大量的信息，以及研究人们如何在这些信息中生产出错误的意义。在书中，他认为个体是基础，而认知又对个体尤为重要。认知是个体现有的知识结构与不断输入的信息的整合，是"感知输入编码、贮存和提取信息的全过程"[②]，对个体的行为产生影响。首先，认知关注的是人们的想法，认知程度越高就越能发现媒体信息如何放大可能产生的积极影响以及负面风险。其次，采取认知心理学的路径，能够让人们更加审慎地评估现有的认知结构。

网络素养的认知理论能够更直接关注到人们在日常生活中的媒介使用与消费，并发现用户如何做出信息过滤筛选，如何有效地将消息中的能指与所指联系起来，以及如何建构出具有自身特色的文化意义。个人的认知与用户的主体性相关联，主体意识的形成促进自我认同的完善。对认知心理机制与行为的研究[③]，反映了青少年个体与媒介、环境的互动关系。社会、学校与家庭应携手通过教育干预手段来提升青少年的认知，指导青少年的行为。通过主体性的提升，使青少年获得积极的心理满足与自我觉知[④]，从而提升与增强其对自我行为的规范能力，为网络清朗空间与正能量传播空间的构建注入新的活力。

（四）教育学：习得与对话

网络素养是经验的积累与习得的过程，或通过传统的、正式的课堂知识传授，或通过自主的、非正式的技能学习而来。现阶段讨论的青少年网络素养教育，大多依托于传统课堂教学，通过引进媒介化的信息传播技术，探究如何在中学课堂[⑤]与小学课堂[⑥]中衍生出新的情境，帮助不同年龄层次的学生搭建网络素养能力框架，进行目标、内容、策略的讨论与设计。近年来，越来越多的学者将素养教育的研究场域转移至校园之外，讨论在家庭场域中构建网络素养的习得模型[⑦]。

教育学视角下的网络素养，是传统读写素养研究的延伸与拓展。从文字与语言的

---

① POTTER W J. Theory of media literacy：a cognitive approach［M］. London：Sage Publications，2004.

② 张开 . 媒介素养学科建立刍议［J］. 现代传播（中国传媒大学学报），2016，38（1）：143–146.

③ 陈小普 . 大学生网络媒介素养与网络道德失范行为的特征及相关性［J］. 中国健康心理学杂志，2019，27（10）：1575–1579.

④ 闫欢，靖鸣 . 积极媒介素养：概念、维度及其功效［J］. 新闻与写作，2017（6）：16–19.

⑤ 余军奇 . 中学媒介素养教育的目标、内容和策略——以深圳市龙城高级中学为例［J］. 中国教育学刊，2012（9）：28–31.

⑥ 陈晓慧，吴靖，张煜锟 . 小学媒介素养"晶体"课程资源设计及应用研究［J］. 中国电化教育，2015（1）：29–33，50.

⑦ DESMOND R. Media literacy in the home：acquisition versus deficit models［C］. Media Literacy in the information age，2018，323–343.

读写，上升至思想意识的启发，最终完成对世界的了解。媒介技术作为社会交往的语言，可以发展个体的认知，让个体掌握相关的技能，以应对信息传播技术发展所引发的“新技术、新环境、新思维方式，以及由此而产生的全新社会实践模式”①，将素养作为技能来学习。这种学习范式体现了教育对青少年个体的赋能，对“灌输式教育”“驯化式教育”的抗争，以及对解放式的、对话式的教育方式的鼓励。对话理论的基础是通过对个体创造与再创造能力的提升来改善现状，对于未来具有积极的态度。保罗·弗莱雷（Paulo Freire）将灌输式教育的双方描述为压迫者与被压迫者。灌输式教育将学生作为客体，而忽视其主观能动性，因此倡导培养批判性思维，在教学中以对话为手段、以对话为原则、以对话为目的，“使他们作为世界的改革者介入这个世界”②。可以通过对话理论，深化青少年对于虚拟真实和社会真实的认知体验，产生具有行动力量的行为方式，在行动中提升网络素养的习得。

---

① 阮全友，杨玉芹. 数字时代新读写素养研究的 5P 模型［J］. 远程教育杂志，2014，32（1）：40–47.

② 弗莱雷. 被压迫者教育学［M］. 上海：华东师范大学出版社，2001.

第一章　网络素养的研究方法与进路

一、混合方法研究路径

本书主要采用混合方法研究（mixed methods research）路径，以质化研究方法为主，以量化研究方法为辅，进行研究设计及数据收集、分析。社会科学研究探索的是在“由主体的积极行为所构造或创造的世界”[①]的社会结构（从互动模式到整个社会）中影响社会个体成员的经历和状况的方式。量化研究方法与质化研究方法的区别除了体现在二者数据的数值与非数值的属性上，更体现在设计、收集、分析等研究过程的思路上，是在本体论、认识论、方法论根本上的偏向。混合研究方法通过集纳两种研究方法的优势，更全面地把握研究中的细节，避免碎片化、片面化的理解，创造性地发掘资料的生命力，以求对实证研究的最有效检验。混合方法研究打破了传统二元的质化研究方法与量化研究方法的对立，尽管尚未完全成熟，但由于其对大量研究的实用性与适配性，被当作社会科学研究方法论的新取向与新趋势，是量化与质化研究方法争论后的“第三次方法论运动”“第三种研究共同体”“第三种研究范式”[②]。

青少年互联网用户数量庞大，群体活跃，在网络空间中常常以风格化的姿态进行自我的呈现与展演。因此本书对网络文化裹挟的青少年日常行为进行深描时，以新媒体研究与网络文化研究中经典的网络民族志方法为指导，结合参与式观察、线上访谈、线下访谈、焦点小组、网络问卷调查等具体形式，展开研究并进行数据资料的收集。

本书依据网络素养的五个维度，认知、学习、近用、批判、参与，分别进行了五项独立的研究。（1）认知维度首先通过量化研究方法，发放问卷对于青少年的素养技能进行自评式的调查，并依托新媒介素养 NML 模型对青少年功能式消费、批判式

---

① 吉登斯. 社会学方法的新规则：一种对解释社会学的建设性批判［M］. 北京：社会科学文献出版社，2003.

② 蒋逸民. 作为“第三次方法论运动”的混合方法研究［J］. 浙江社会科学，2009（10）：27-37，125-126.

消费、功能式产消与批判式产消进行讨论。其次，采用生命史的研究方式，对“80后”“90后”“00后”三个代际的青少年进行深描，探讨生命经验对素养认知与获得产生的影响。（2）学习维度聚焦于媒介技术发展构建的泛在知识网络对于青少年学习与搜索能力的作用，通过深度访谈与焦点小组，了解青少年参与主动知识学习与搜索的文化动能及面临的挑战。（3）近用维度基于笔者赴美访学期间的民族志观察与访谈而展开，探索“数字原住民”一代的青少年在文化离散的旅居时期所表现的数字化特性，他们对于具有强烈跨文化属性的新媒介技术，熟悉而又陌生的社交媒体平台的接受态度，以及新媒介技术对于青少年跨文化适应的作用。（4）批判维度聚焦新闻素养，青少年在后真相时代鱼龙混杂的网络信息环境中进行消费，需要结合新闻消费实践，培养批判性思维。然而现有的新闻素养概念尚未脱离新闻传播专业，强调新闻专业技能而忽视青少年现有的新闻消费情况。因此本章通过深度访谈与焦点小组，了解当代青少年的新闻消费理念、习惯、方式等，并提出新闻素养教育的构想。（5）参与维度选取了中国女性游戏的玩家的线上及线下参与行为，以《恋与制作人》为个案，将女性玩家互动的游戏空间、社交空间、虚拟社群作为田野的场域进行网络民族志的观察、访谈，理解独特的女性玩家 / 粉丝群体在中国当下的网络文化场景中的物质消费、情感想象与准社会交往行为的文化动能，探索其玩家 / 粉丝身份认同、性别展演及虚拟关系互动中的主体性。

由于研究展开时间并非线性，本书根据论文结构顺序对受访对象进行了重新编码，编码方式为“姓名简称 + 出生年份 + 性别 + 章编号”，受访者信息将分别呈现在第三章至第七章内。

二、量化研究方法

长期以来，量化研究方法一直是社会科学研究的主流方法。实证主义深刻地影响着学者的研究思路与价值取向。多数学者主张用客观、可测量的数据，来研究社会互动与个体行为。评估的标准化和数据收集程序的可协调性使研究者可以更好地观察基于国家、地区、人口、性别、种族、阶层等因素的变量，重复测量可以将统计差异最小化，使趋势分析成为可能；实验设计则通过控制与隔离测量条件，比对、观照因果过程，确定影响效果。

安德森（Anderson）认为在界定青少年新媒介素养习得的评估领域，要关注以下几个维度：素养学习所需的时间与必要的技能；内容评估的可行性；问题解决的复杂性；媒介或技术的存留时间长度；是否需要特定的信息传播技术[①]。许多机构基于专业的调研，构建了关于青少年媒介素养的测量框架。他们突破学科的边界，建立标准的测量与评估体系，为政府、学校、家庭、研究者等提供媒介素养教育的方法与预期成果的参考指南。当前媒介素养测量的实证研究，大多参考这些机构对素养的定义、分类及能力标准划分，对青少年学生的媒介认知、整合以及应用能力进行度量[②]。这些测量与评估体系，或与标准预测变量有关，或与评量分数有关，或与态度和行为因素有关，多以掌握目标和表现目标为导向和价值取向。然而，目前并没有在全球语境中适用的、有效且标准的测量路径可以评估青少年网络素养。

问卷调查研究是测量青少年网络素养的常见方法之一。问卷调查是“研究者通过样本个体回答收集信息”[③]的方法，非常适合收集由大量人口样本组成的统计数据。这种研究方法具有极强的适用性，询问有针对性的个人问题，以描述与探索人类的行为、偏好、态度等难以用观测技术测量的有关信息，具有需求评估与效果测评等意见性的取向；也常常被应用在市场营销、政治调查以及民意测验等方面。调查研究已发展成为一种严格的方法，对代表性样本、调查方法、调查时间、未响应错误等因素进行信度与效度的检测，以确保高质量的研究过程和结果。

在网络素养研究方法的元分析中，使用率最高的问卷形式包括多项选择评估问卷与自我评估问卷[④]。实际测量结果的相互印证体现了该方法的科学性。然而，鲜少有学者在研究中针对测量工具及框架进行信度与效度的检验，并且由于概念表述等问题，许多研究无法进行串联，形成更为庞大的研究基础。

多项选择评估的长度和细节差异较大。通过一系列的选择题来测量涵盖的特定知识或技能，学者开发了多项选择素养测试评估工具，如“信息素养实时测量工具”（Tool for Real-time Information Literacy）[⑤]、“信息素养标准化测量工程”（Project Standardized Assessment of Information Literacy）[⑥]，在教学上了解学生与教师的素养能力

① ANDERSON R. Large-scale quantitative research on new technology in teaching and learning [J] . Handbook of research on new literacies，2008：67-102.

② OAKLEAF M. Dangers and opportunities：a conceptual map of information literacy assessment approaches [J] . Libraries and the academy，2008，8（3）：233-253.

③ CHECK J，SCHUTT R K. Research methods in education [M] . London：Sage Publications，2011.

④ WALSH A. Information literacy assessment：where do we start? [J] . Journal of librarianship and information science，2009，41（1）：19-28.

⑤ MILLER C. Trails：tool for real-time assessment of information literacy skills [J] . The charleston advisor，2016，17（3）：43-48.

⑥ LINDAUER B G. The three arenas of information literacy assessment [J] . reference and user services quarterly，2004，44（2）：122-129.

的初始情况。许多研究通过这些既定的测量方法，依托数据分析结果开展系统的、有针对性的教学设计。张志俭等设计了一份详细的“通用网络媒介素养测试”（General Network Media Literacy Test）问卷[①]，将测量分数与经典测量理论（Classical Test Theory）关联，来测量中国公民个体的网络素养。然而这种测量只能了解被测者在某一阶段的素养情况，无法持续跟踪测量个体的素养情况变化。

自我评估问卷主要用来测量人们对自身网络素养情况的认知程度。研究者根据自身理解、文献回顾及团队专家的共同参与，对素养能力预先分类或者进行等级划分。自我评估体现了受访者的自我效能感（self-efficacy）。自我效能感是对特定行为的自我认知。具有强自我效能感的人同样具有更为强烈的、更为主动的终身学习能力[②]。自我评估形式能更好地描述个体素养的发展与变化情况。科克（Koc）和巴鲁特（Barut）试图通过发展和补充针对大学生的新媒体素养量表[③]，来填补缺乏测量工具的空白，从功能性消费、批判性消费、功能性产消和批判性产消四个维度进行自我评估，衡量学生在新媒体方面的潜在能力。

在不同地区的网络素养情况调查中，学者们多出于网络素养教育实践需要，在既有的框架下对测量工具进行调整，面向大学生、中小学生与教师展开调查。例如，李金城针对某高校大学生设计了媒介素养测量的模型与量表编制进行实证考察，并对其设计的测量工具与评估体系进行了实证检验[④]；邓高玮使用了包括自我评价、多选知识测量、信息任务等多种量化设计研究香港本科新生信息素养的感知以及解决问题的能力[⑤]，为将信息素养纳入大学课程体系提供了有力支持。欧阳誾通过建立一套互联网资源信息问题解决能力的测量工具[⑥]，调查台湾职前教师信息问题解决能力的发展程度、信心程度及影响其个体发展的因素。

---

① CHEUNG C K，YIN W. Assessing network media literacy in China：the development and validation of a comprehensive assessment instrument [J]. International journal of media and information literacy，2018，3（2）.

② BANDURA A. Self-efficacy：toward a unifying theory of behavioral change [J]. Psychological review，1977，84（2）：191.

③ KOC M，BARUT E. Development and validation of New Media Literacy Scale（NMLS）for university students [J]. Computers in human behavior，2016，63：834–843.

④ 李金城. 媒介素养测量量表的编制与科学检验 [J]. 电化教育研究，2017，38（5）：20–27.

⑤ Ko-Wai T W. Assessing information literacy skills of undergraduate freshmen：a case study from Hong Kong [J]. International journal of media and information literacy，2018，3（1）.

⑥ 欧阳誾. 职前教师网路资讯问题解决能力发展及影响因素之研究 [J]. 教育学刊，2007（28）：225–249.

三、质化研究方法

20 世纪的后二十年，后现代主义、后殖民主义、现象学、诠释学等学术话语的崛起及文化研究思潮的全球扩张，对量化研究方法造成了强烈的冲击，形成对量化研究范式的缺陷与制约因素的批判。量化研究方法在社会科学研究的“垄断”地位逐渐被瓦解，更具有人文主义色彩的质化研究方法进入学术视野，研究者更加重视作为意义的现象。质化研究方法注重对“经验、事实和归纳方法的关注以及对因果关系的探究”①，擅长就人们如何在特定的情境与经历中描述复杂的文本，思考看似矛盾的行为、信念、见解、情感和个人关系。同时，质化的研究方法还可以帮助我们探究一些无法测量的因素，如社会规范、社会经济地位、性别角色、种族和宗教等，在社会科学研究中所引发的效应，帮助我们更好地理解复杂的社会关系，解释开放数据的延伸意义。

经过数十年的范式对话与理论操演，质化研究方法发展出独特的方法路径，包括民族志、扎根理论、话语分析等；口述史、个人生命史等更为质化研究方法注入新鲜活力。常见的质化资料收集方法包括参与式观察、深度访谈、焦点小组等，以研究者本人作为研究工具，在自然情景下采用多种资料收集方法对社会现象进行整体性研究，使用归纳法分析资料和形成理论。在对个体经验的分享与互动中，研究者进行意义的建构，挖掘社会与文化的深层动能。通过访谈中的行为描述可以深入了解参与者对行为的信念，并揭示受访者熟悉的主导性话语。此外，对访谈话语进行分析可以阐明其中蕴含的意识形态。

质化研究方法鼓励作为“他者”的研究者摒除预设，将“自我”投入田野之中，并与所获得的资料不断互动。探究问题的后续能力以及质化访谈的自然互动，使研究人员能够尝试从受访者的角度看待问题，获得与研究参与者的共情和理解。拉斯（Glaser）和施特劳斯（Strauss）提出的“扎根理论方法”（Grounded Theory Method），即是通过自下而上的理论建构方法，强调对从日常经验中获得数据进行分析、编码、比较，从而发现理论并指导人们具体的生活实践②，为质性研究方法带来深远的影响。

在媒体使用与素养教育研究中，尽管有大量的实证研究是定量的，但对于那些尚未被充分理解的问题，仍需要质化研究方法。2000 年至 2001 年，近 30 个国家和地区采用了质化研究方法，对新媒介与素养问题中创新教学方法进行了深入的案例研究，描述并分析了基于课堂的素养教育过程及其环境，为政策分析人员和教师提供了示范

---

① 阎光才．思潮涌动与教育变革［J］．教育研究，2006（2）：47–53.

② 陈向明．质的研究方法与社会科学研究［M］．北京：教育科学出版社，2000.

性课堂实践的成功要素。

（一）民族志与网络民族志

质性研究方法体系发端于民族志研究方法，从人类学研究与文化学研究迁移至社会学、心理学、传播学等其他学科研究中，具有跨学科研究的性质。民族志传播（ethnography of communication）由海姆斯（Hymes）首先提出，将所有层面的传播实践都作为自身的对象。[①] 他认为要将各个层面的传播行为作为一个整体进行考察。中国的新闻传播学对此概念的引入大约在2000年[②]。民族志的研究转向，丰富了传播研究的问题结构[③]，改变了解决问题的方式，也促进了传播研究与文化研究理论共同体的发展。使用民族志研究方法意味着研究将致力于了解媒体和技术在人们的日常生活中的意义。这种方法并不适合检验现有的分析类别或目标假设，而是更适合询问是什么（what）、为什么（why）、如何（how）等更基本的问题。基于行为和当地文化理解实际情况而建立的广泛的民族志，对于掌握一套新的文化类别和实践的轮廓至关重要。

作为一种方法（method）、一种方法论（methodology）和一种理论建构（deep theorizing）[④]，民族志注重从现实世界中收集和分析经验数据，以长时期的参与观察与深度访谈，对神秘的、未知的特定群体及其文化图景进行生动描绘，探究在既定的、持续进行的情境中人们的生活方式、行为模式与价值取向，拓宽人类认知的边界，掌握整体主义与情境主义中建构的“真实分布”，寻找族群的共同特点，以小见大地建立新的知识结构。通过实证观察来理解现象的民族志路径，也区分了社会学科与人文学科的研究取向[⑤]。

经历了早期的业余民族志和专业民族志两个阶段[⑥]，民族志的形式与内涵也在实际应用中不断发展。派克（Pike）提出的主位（emic）与客位（etic）的二元思路[⑦]，摆脱了社会科学研究者对于认识论的争执，转向了方法论的解决问题。主位研究又被称作“土著视角”，即研究者以圈内人（insider）的视角进行参与式的观察、思考与行

---

① 蔡骐，常燕荣．文化与传播——论民族志传播学的理论与方法［J］．新闻与传播研究，2002（2）：16–22，95.

② 郭建斌．民族志方法：一种值得提倡的传播学研究方法［J］．新闻大学，2003（2）：42–45.

③ 陈刚，王继周．中国大陆传播研究民族志进路的逻辑、问题与重塑——基于四本学术期刊及相关研究文献的考察［J］．现代传播（中国传媒大学学报），2017，39（7）：36–42.

④ LILLIS T. Ethnography as method，methodology and “Deep Theorizing” closing the gap between text and context in academic writing research［J］. Written communication，2008，25（3）：353–388.

⑤ BASZANGER I，Dodier N. Ethnography：relating the part to the whole［J］. Qualitative research：Theory，method and practice，1997，2：9–34.

⑥ 何星亮，郭宏珍．略论人类学民族志方法的创新［J］．思想战线，2014，40（5）：7–11.

⑦ PIKE K L. Language in relation to a unified theory of the structure of human behavior［M］. Berlin：Walter de Gruyter GmbH and co KG，2015.

动，获取文化内部的价值观；客位研究则是强调研究者作为外来者（outsider）科学地观测与分析。二者在人类学研究中的互补性已得到广泛认可[①]，尤其是在有关人性行为特征以及社会系统的形式和功能的研究中。“批判民族志”“聚焦民族志”“自传式民族志”“网络民族志”等新的研究路径被提出。

近年来，随着技术的飞速发展、信息的持续流动、人类生活方式的变迁及生活场景向线上转移，网络空间与其他社会空间复杂地联系在一起，衍生了一批新兴的网络社群及网络文化现象，为学科带来新的关注点与研究对象。民族志被视为互联网相关研究的立场或方向，将联结与关系视为规范性社会实践。

在21世纪初的互联网研究中，主要话题就是如何将熟悉的研究工具转移以适应独特的文化情境。学者们开始将网络空间视作研究田野、研究工具、研究方法，“网络民族志”（online ethnography）、“虚拟民族志”（virtual ethnography）、“赛博民族志”（cyber ethnography）、“数字民族志”（digital ethnography）[②]等异曲同工之概念应运而生，帮助研究者更好地收集多样化的资料形式（如文字、图像、视频、语音、表情等），探索新的网络群体、网络行为及网络文化。这些方法的内核都是将民族志的思路挪移到互联网研究中，“应用于当前以计算机为中介的社会世界中可能发生的一切事情”[③]，是伴随新技术与新现象所产生的研究方法，是文化展演的过程和结果。这种方法的优势在于，它使我们能够从经验材料中了解新媒体实践和学习成果的重要类别和结构。

网络民族志依然在传统民族志的概念框架之中，只是在研究场景、研究对象、研究者身份、操作方法等方面有所不同[④]。传统民族志要求的进行田野工作的时空语境的限定被解构，“在场”与“在线”研究的边界感逐渐减弱。研究场域从线下的实体社区转变为线上的虚拟社区，并再次向线下延伸。目前，有许多研究过分强调线上与线下生活的隔离[⑤]，对于线下行为的阐释只是为了构建线上分析的案例。除了在网络虚拟田野中观察与浸入，对各种文本符号进行记录、归档与解释，还应当与线下建立联系，以呈现更为完整的研究客体以及在网络空间中所形成的关系网络。米勒（Miller）和斯莱特（Slater）在关于特立达尼的研究中就没有假定互联网与日常生活的其他方面是分开的[⑥]。相反，他们认为无论是实体商务还是电子商务，无论是面对面交流还是在线交

① XIA J. An anthropological emic - etic perspective on open access practices［J］. Journal of documentation，2011.
② 郭建斌，张薇．“民族志”与“网络民族志”：变与不变［J］. 南京社会科学，2017（5）：95-102.
③ 库兹奈特．如何研究网络人群和社区：网络民族志方法实践指导［M］. 重庆：重庆大学出版社，2016.
④ 卜玉梅．虚拟民族志：田野、方法与伦理［J］. 社会学研究，2012，27（6）：217-236，246.
⑤ HINE C. Virtual ethnography［M］. London：Sage，2000.
⑥ MILLER D，SLATER D. Internet［M］. Oxford：Berg Publishers，2000.

流，真实与虚拟之间的界限并不明显。参与者将这些社交空间和关系编织到自己的生活中，使在线体验既真实又常见，并且在在线和离线社交空间之间自如转换。

学者们也就网络民族志展开了超越方法论本身的反身性思考[①]。研究者个体浸润在流动的网络空间中展开的互动行为与文化实践，从电子邮件到聊天室，从微博、微信到视频平台，从音乐软件到手机游戏，使其更直接地了解网络内部空间独特的文化象征与符号所指，成为网络文化的持有者、建构者与形塑者，进行文化的书写。网络民族志在中国依然处于起步阶段，但是近年来关于网络民族志的研究和讨论逐渐增多。对于作为新媒体技术代表的微信，学者通过“微信民族志”[②]的方法，对网络世界中去阶层化的平民共同体进行描述。普通大众日常生活中的传播实践被研究人员接纳、发现，深挖，为研究者观察虚拟的集体狂欢带来可能。

学者们利用网络民族志着眼于青少年的社会实践与文化模式，通过描述青少年社会生活与文化的变化，关注当下与先前实践和结构的连续性[③]。青少年在网络社会中迸发出独特的生命力与能动性，在各自所属的圈层中发挥着自己的想象力与创造性，如网络弹幕、粉丝文化、网络动画、电子游戏等，对于自我与群体的表征、身份与意义有了新的定位，青少年的网络素养能力也在积极的参与中不断进化，并对网络素养的内涵进行重新建构。

（二）生命史研究

中国社会科学研究开始进入“以小窥大”的新时期，人们的生命活动都镶嵌于某个时期内的社会进程及更为宏大的历史时空之中，在社会力量的推动下踽踽前行，参与社会生活。芝加哥学派倡导的生命史（life history）的方法让研究者关注生命进程与社会历史变化之间的互动关系，为识别和记录个人和群体的模式提供了另一种可选择的实证方法。生命史指的是“在社会、文化和历史情景里，一个生命从出生到死亡的过程所发生的事件和经历。它所涉及的主要是通过非结构或半结构访谈收集到的对过去生活的描述，也包括对信件、照片和日记等个人资料的研究”[④]。生命史透过资料理解构成社会和经济结构的切入点。王铭铭将之称为“人生史”[⑤]，其目的在于从作为一个整体的人生的关注中，更好地把握生命的意义。

---

① 孙信茹，王东林．作为“文化实践”的网络民族志——研究者的视角与阐释［J］．中国农业大学学报（社会科学版），2019，36（4）：102–111.

② 赵旭东．微信民族志时代即将来临——人类学家对于文化转型的觉悟［J］．探索与争鸣，2017（5）：4–14.

③ STREET B V. Social literacies：critical approaches to literacy in development，ethnography and education［M］. London：Routledge，2014.

④ 李强，邓建伟，晓筝．社会变迁与个人发展：生命历程研究的范式与方法［J］．社会学研究，1999（6）：1–18.

⑤ 王铭铭．人生史与人类学［M］．北京：生活·读书·新知三联书店，2010.

轨迹（trajectory）和变迁（transition）是生命史研究中的两个重要概念与分析议题。在人们的生命活动历程中，或是可预期地按照社会时间表（social timetable）向前推进个人生活，或是不可预期地突发某些特别的事件，而偏离了原有的轨迹。生命史研究则从社会文化的视角出发，探究社会结构与个人发展的关系。因此，生命史研究方法鼓励具有主体间性（inter-subjectivity）的访谈关系，要求访谈者深度进入、分享、参与受访者的生命世界，在受访者故事述说（story-telling）的个人生命经验中，了解受访者当下的态度与行为，发现他们如何在描述个人经验，特别是作为网络使用者的流动的经验中建构意义，以及个体蜕变的过程对自我形塑的影响；同时更好地理解独特的生命内容，以及在社会结构互动中"映照出社会全体的图景"①，呈现文明的共同体。

近年来，互联网历史与互联网记忆的研究也开始受到学者们的重视。作为媒介记忆的重要组成部分，互联网参与了世界全球化的过程，见证了历史社会的变迁。其中网民的使用记忆是互联网与社会互动的体现，是互联网历史研究的重要文本。通过网民对自身生命历程的总结与回顾，自下而上地描绘互联网的发展脉络和语境，可以"洞察群体的历史及整体的、大局的社会变迁"②。那些隐藏在记忆深处的零碎片段，消逝的网站与数字档案，随着生命故事的叙述又重新被唤醒。"媒介诞生、成熟、衰老和死亡等生物节点和生活事件被纳入叙事结构之中"③，追忆个体与媒介的生命轨迹，审视时代的变迁，网络素养如何在个人的生命历程中发挥作用，更好地加入社会参与。

四、研究框架

网络素养的研究具有高度的连续性。在媒介素养研究向网络素养研究转向的过程中，不变的是对人与媒介之间相互关系与作用的关注。网络素养的内涵随着不断出现的信息传播技术流动，为满足未来需求而发展与被定义。

一方面，学者们尝试着对媒介素养理论框架的发展做出了不同的构思。卢峰对前人做出的媒介素养理论与定义进行了梳理，认为现有媒介素养的理论框架主要含有两种范式：一是基于能力结构，二是基于学习过程。同时根据新媒体时代用户的使用需

---

① 渠敬东.迈向社会全体的个案研究［J］.社会，2019，39（1）：1-36.

② 吴世文，杨国斌."我是网民"：网络自传、生命故事与互联网历史［J］.国际新闻界，2019，41（9）：35-59.

③ 吴世文，杨国斌.追忆消逝的网站：互联网记忆、媒介传记与网站历史［J］.国际新闻界，2018，40（4）：6-31.

求层次，构建了“媒介素养之塔”，包括“媒介安全素养、媒介交互素养、媒介学习素养和媒介文化素养”[①]四个层次。张开在历史发展的语境中纵向追溯媒介素养在人类文明中的发展脉络，关注媒介信息对于受众个体的发展及新技能的习得[②]。媒介素养的理论是对用户传播权利与生产能力变化的揭示，是引导媒介主体积极向上的必要尝试[③]。

另一方面，网络素养的理论框架尚在建构的初期。我国青少年的网络素养尚未形成统一的培养体系，教学实践与研究范式都亟待加强；青少年个体的网络素养能力参差不齐，不能一以概之。刘辉等从“网络意识与认知、网络适应与发展以及网络参与与互动”角度构建我国青少年儿童网络素养的评价指标体系；千龙网新媒介素养学院发布的网络素养标准体系和网络素养标准评价手册，是网络素养教育的重要探索。

本书在构建媒介素养的理论框架与梳理素养研究发展脉络的基础之上，结合新时代互联网环境的个体特征，提出青少年网络素养的“双同心圆”理论框架，如图 1.1 所示。该框架由素养同心圆与环境同心圆共同组成。左侧的素养同心圆基于“过程说”的理论框架，认为青少年网络素养的培养是由浅至深的，是在长期的新媒介使用中逐渐积累的。基于利文斯通（Livingstone）[④]、美国媒介素养研究中心[⑤]与新媒介联合会[⑥]对媒介素养的界定，笔者将网络素养划分为认知、学习、近用、批判与参与五个层次。

认知层次主要指青少年接触各类软硬件设备及信息技术以接触互联网的阶段。随着外部媒介环境以及个人社会环境变化，青少年对于网络环境的认知也会发生改变。学习层次是青少年在使用互联网过程中自主性与能动性的主动体现。青少年通过持续的自主学习形成并增强自身的知识网络，并对外扩散影响当前互联网知识生态的模型。近用层次表现了青少年在互联网中从使用者转向展演者的动态过程，是青少年在熟练使用互联网后面对政治、经济、文化、技术条件改变的具体表现。批判层次关注青少年对信息的深层解读并且进行控制、筛选与挪用的能力。参与层次是青少年游刃有余地在现实与虚拟世界中穿行，并且在参与线上 / 线下社会活动中创造出新的意义。

这五个层次是青少年网络素养能力逐渐深化的体现，既具有连贯性，又具有独立

---

① 卢峰．媒介素养之塔：新媒体技术影响下的媒介素养构成［J］．国际新闻界，2015，37（4）：129-141.

② 张开．媒介素养理论框架下的受众研究新论［J］．现代传播（中国传媒大学学报），2018，40（2）：152-156.

③ 闫欢．关于数字环境下媒介素养教育主体传播权利的再思考［J］．中国广播电视学刊，2012（2）：68-69，63.

④ LIVINGSTONE S. Media literacy and the challenge of new information and communication technologies［J］. The communication review，2004，7（1）：3-14.

⑤ THOMAN E，JOLLS T. Literacy for the 21st century：an overview and orientation guide to media literacy education［M］. Los Angeles：Theory CML MedicaLit Kit. Center for Media Literacy，2008.

⑥ NEW MEDIA CONSORTIUM. A global imperative：the report of the 21st century literacy summit［R］. ERIC Clearinghouse，2005.

性，可以分别讨论，是一个由浅至深却又不失独立性的链条。网络素养的习得又需要将素养主体放置在更大的社会环境内进行考察。环境同心圆中的五个要素，日常行为、技术商业、文化特征、教育倡导及国家政策，从微观到宏观，在青少年的日常实践与文化创新中共同为个体的网络素养建构服务。（如图 1.1）

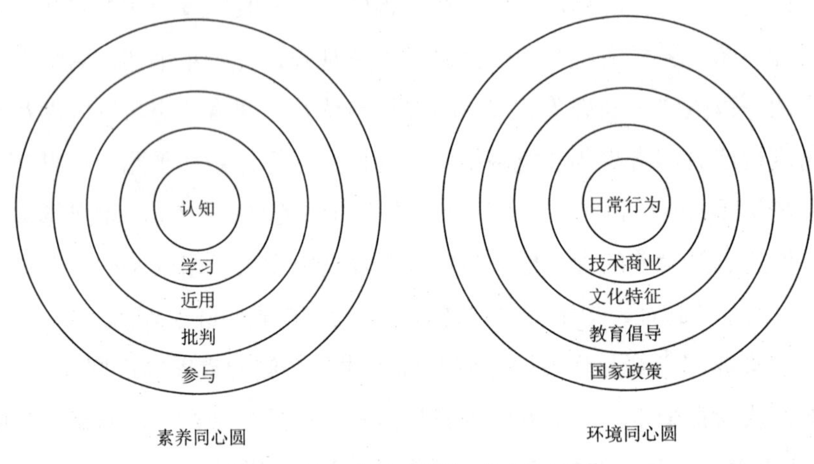

图 1.1 青少年网络素养“双同心圆”

在后续的章节中，将透过不同的媒介环境以及青少年的网络使用情况，结合环境同心圆，探讨我国青少年在实践中所展现的网络素养能力现状，网络素养培育过程中所遇到的困难，以及青少年如何发挥能动性解决问题。

第二章　网络素养的知识谱系研究

伴随着互联网技术全球化的进程，青少年网络素养成为一个全球性的话题被不断提出，国内外学者越发关注青少年网络素养的理论建构。网络素养是传统媒介素养在新时代的更新与发展。本章将对青少年网络素养的知识谱系做出梳理与回顾。网络素养最初源于对文本的识读，而后将识读的对象从文本转向更多元的媒介形式，发展出更为丰富的内涵。同时，随着技术的发展，媒介素养表现出阶段性的具体指向，在网络空间与网络素养培育中表现出新的时代意义。特别是新媒体出现之后，网络素养越发突出青少年群体的主体性与能动性。

一、素养与识读的联系与发展

（一）文本识读：媒介素养的雏形

“素养”一词在新时代青少年的教育景观中显得尤为突出与常见：从核心素养的提出到素养框架的搭建，素养被逐渐分解在学科中，渗透到不同领域内。事实上，“素养”一词有着深刻的内涵与复杂的意义。作为概念的素养随着社会情境、文化价值、媒介环境、个人经验等因素的流动也在不断演进。素养从基础的认知学习过程，发展到应用于社会生产阶段，再上升为社会意识与批判性思考的能力。

素养（Literacy）的英文词源于文学（literature），其最初的定义是“在日常生活中基于理解相关语句完成阅读与书写的能力”[①]。从苏美尔文字的诞生，到楔形文字被创造，再到当代语言，读、写及基础的数学知识，成为人们对“素养”一词最通俗的理解。因此，Literacy 一词在引入我国时，也被翻译为“识读”。我国历史上规模最大的基础识读教育工作在新中国成立之初便已全面展开，并取得了卓越的成效。

---

① COLES P. Global media and information literacy assessment framework：country readiness and competencies［M］. Paris：UNESCO，2013.

基础识读教育的完成，赋予了人们新的行为方式，实现了学习者向促进者身份的转变，推动了社会转型与社会进步[①]。在教育学研究中，人们更是提出了培育“识读环境”（literacy environment）的概念，强调人们在习得技能之后，还应在实践中运用并可持续地发展。

读和写都应该被放在互为整体又各自独立的政治、经济、文化、社会、技术、历史社会情境中被理解。不断发展与创新的媒介形式，对社会发展与社会形态变化有着至关重要的影响。识读环境转变为媒介化社会，从印刷媒体到图片、广播、电影、电视乃至互联网，可识读的对象范围不断扩大，也为个体带来了更多的信息、知识与价值观念。

青少年的识读能力主要在学校与家庭中获得。在教育过程中，习得对符号的认知与解释，包括文字、声音、图形、影像等。这是对科技发展与社会结构变化所作出的调整与适应，识读的对象由文字转向世界（word to world）[②]。

利维斯（Leavis）与桑普森（Thompson）在《文化与环境：批判性意识的训练》（*Culture and Environment*：*The Training of Critical Awareness*）一书中，第一次系统地提出了在学校教育中进行大众媒介教育[③]。媒介素养的概念由此产生，并衍生出了“传媒教育”“媒体（公民）教育”“媒体素养”等相近的译法与提法，是媒介研究（media studies）、人类思维（human thinking）与教育法（pedagogy）等多重领域的交织。

（二）超越识读：青少年媒介素养的内涵

传统的媒介识读，旨在让人们了解、辨别媒介，在媒介环境中具有分析能力，避免个体陷入媒介污染与媒介暴力中，是保护主义范式下对媒介消费能力的把持，仅仅是素养的初级表征。媒介素养相对于媒介识读，是一个更多元的概念，包含了认知、情感、态度、行为、评估、思辨等维度。中文语境中，“素养”的释义是“平日习得的修养”，也体现了“素养”一词内部的连续性与动态性。

媒介素养教育将媒介消费者视为积极的学习者与使用者，特别强调他们的传播权，包括参与传播实践环节，参与文本解码、符号阐释及意义建构。对于青少年群体，理想的媒介素养同时具有适应性、社会赋权能力和自我增强能力，是更广泛的能力的集合、学习的过程、权利的赋予以及文化的流动。

---

① HULL G A. At last：youth culture and digital media：new literacies for new times［J］. Research in the teaching of English，2003，38（2）：229-233.

② FREIRE P，MACEDO D. Literacy：reading the word and the world［M］. London：Routledge，2005.

③ LEAVIS F R，THOMPSON D. Culture and environment：the training of critical awareness［M］. London：Chatto and Windus，1950.

1. 作为能力集合的素养

在媒介素养研究的早期，素养常常与传统媒体挂钩。素养是阅读的能力；在传统广电时代，阅读的对象从文字扩展为影像，学者们用视觉素养来形容对图像与叙事的理解能力；计算机素养更是被视为加入新一次技术革命的入场门票。这些能力都应被囊括在更为广大的媒介素养的概念里。

青少年掌握的技能越多，对媒介的接触越多，越能够了解不同媒介的差异特质与普遍共性，提升自己的媒介素养能力。同时，通过社会、学校、家庭等层次的媒介教育，青少年习得批判性的理解内容，更能保持“批判性的自治力”[①]。自发地批判性地学习，使青少年成为主动的思考者，能够在特定的媒介环境中，有的放矢地使用技能来解决自身面临的问题，随后在经验和情境中建构意义，真正地完成自身媒介素养的建设。

1992 年召开的“美国媒介素养领袖会议”，旨在帮助公民在声色犬马的媒介文化景观中获得理解、生产及协商媒介文本意义的能力。在参会学者的共同讨论下，形成了媒介素养的基本定义，即“为特定活动而近用、分析、生产信息的能力”[②]。在此次会议上，学者们也就媒介的理解达成了以下共识：①媒介是被建构的，并建构现实；②媒介具有商业的含义；③媒介具有意识形态与政治的含义；④（媒介的）形式与内容都与媒介本身息息相关，各个媒介都有自己独特的美学、符号与习俗；⑤接收者在媒介中进行意义的协商。

加拿大安大略省教育部与媒介素养协会（Association for Media Literacy）将媒介素养置于针对中小学基础教育 K12 学校课程设计中，将媒介素养定义为“对媒介天性有知晓与批判的理解力，了解媒介使用的技术及这些技术带来的影响，以及主动地、批判地去理解与使用大众传播媒介的能力”。课程目标中，明确让学生关注如何创造信息，并超越媒介信息的表层含义，分析创作者的意图。

学者们在提及媒介素养时也都强调媒介素养与能力的关系。媒介素养是“为了特定目的，在任意媒介中熟练收集、解释、测量与运用信息的能力”[③]；是从日常符号中创造个人意义的能力[④]；是解读信息时主动采用的方法，包括分析、评估、分组、归纳、

---

① STREET B. What’s “new” in new literacy studies? Critical approaches to literacy in theory and practice［J］. Current issues in comparative education，2003，5（2）：77–91.

② AUFDERHEIDE P. Media literacy：from a report of the national leadership conference on media literacy［J］. Media literacy in the information age，1997：79–86.

③ ANDERSON J A. Receivership skills：An educational response［J］. Education for the television age，1981：19–27.

④ ADAMS D M，Hamm M. Literacy in a multimedia age［M］. Nor wood：Christopher–Gordon Pub，2001.

推理、合成、摘要[①]。中国社会科学院新闻与传播研究院卜卫教授在20世纪90年代将媒介素养与媒介教育的概念引入国内传播学研究与媒介教育研究领域，素养“被引申为具有正确使用媒介和有效利用的一种能力”[②]，这种能力的范围随着技术发展而演进。在国内外学者与研究机构对媒介素养概念的解读中，素养是现代社会中人们需要熟练掌握的一种能力。

从认识、理解到参与、创造，素养的内涵伴随着媒介生态的演进、青少年的个体成长及媒介使用经验日益丰富，成为网络知识结构的重要组成部分。识读环境转变为素养环境，从书页到电缆再到荧屏，青少年在持续的学习过程中获得素养并不断提升。美国、英国、加拿大等国家重视在义务教育阶段对媒介素养教育哲学的引领与实践取向，寻求媒介素养能力培育的定位，开发媒介素养教育的资源。

2. 作为学习过程的素养

媒介环境以肉眼可见的速度发生改变，影响人类的生产生活。媒介如同阳光雨露，已然成为人类现代生活的必需品，并在媒介生产中建构着人们所认识的外部世界。媒介乱象丛生、媒体真实失序、数字鸿沟增大等当代问题，倒逼媒体改革与媒介教育的健康发展，以全民作为教育对象，以终身学习为目标，构建一个以人为本的、可持续发展的、丰富多元的媒介社会。媒介素养逐渐发展为一个知识领域。在全球媒介素养教育图谱中，或将媒介素养纳入中小学阶段开设课程；或在大学中开设新闻与传播学科通识教育选修课程；或有组织地面向社会民众开展知识普及与技能培训，让受众“成为媒介的主动驾驭者”[③]，而非一味做被动的接受者，并重视在基础教育阶段面向青少年展开实践。

利维斯的媒介文化描述，认为媒介操纵、利用受众，并给受众提供简单的、低级的吸引与满足，造成文化的断裂开始[④]；商业化的、感官化的媒介产品冲击精英文化与权威文化，被视为一种文化病毒（cultural disease），对于青少年群体有着尤为不良的影响。利维斯的观点唤起了欧洲国家对于媒体素养教育必要性的认知，促使其开始施行“保护式”的青少年媒介素养教育。从反对媒介到认同媒介，媒介素养教育研究在人类反思媒介与社会的近百年时光中进行范式的转移。

莱恩·马斯特曼（Len Masterman）溯源了西方媒介教育发展历程的三大范式并提

① POTTER W J. Media literacy［M］. London：Sage Publications，2018.
② 卜卫. 论媒介教育的意义、内容和方法［J］. 现代传播（北京广播学院学报），1997（1）：29–33.
③ 郑保卫. 媒介教育大众化势在必行［N］. 中华新闻报，2002–01–16.
④ 陆晔. 媒介素养的全球视野与中国语境［J］. 今传媒，2008（2）：11–14.

倡“以学生为主导的媒介教育”[①]：20世纪30年代的免疫范式（inoculative paradigm）作为“少数文化”的代表，保护青少年免受庸俗的媒体病毒的侵扰，对有害内容进行免疫隔离；六七十年代的大众艺术范式（popular arts paradigm）认为大众文化与高雅文化同样能够带来真实的艺术，采用评估式的范式判断媒介的好与坏；80年代的再现范式（representational paradigm）在符号学（semiology）和意识形态（ideology）的影响下产生媒介教育运动并集中讨论媒介教育的政治性与权利。戴维·白金汉（David Buckingham）在马斯特曼的基础上，对英国媒介教育的发展历史做了描绘[②]：文化研究与大众艺术（cultural studies and the popular arts）、荧幕教育与祛魅（screen education and demystification）、民主化与防御性（democratization and defensiveness），并提出了超越保护主义的观点，鼓励更具自反性的教育路径，让青少年学生进行媒介参与与媒体制作。这一观点对加拿大、美国、澳大利亚等西方发达国家的媒介教育产生了深远的影响。

媒介素养成为由批判性到创造性的学习过程，新的媒介教学法被提出，大力提倡以传媒制作为中心的传媒教学法（media pedagogy）。在开放式、体验式的素养学习环境中，以青少年学生为本，重视受众的媒介兴趣，透过参与对话的学习方法，启发受众的能动性，保持学习动能，探索媒介素养成长的可能性，为参与社会活动做好准备。

3. 作为权利赋予的素养

媒介素养教育的内涵具有时代的意义。在媒介内容极为丰富的今天，媒介素养是对媒介的读和写，批判理解与主动参与。媒介消费者可以解读和判断媒介产品，分析媒介文本如何被建构，以及媒介产业的经济功能，并且可以获得权利成为生产者。赋权（empowering）成为现阶段媒介素养的重要内涵。

赋权的概念源自西方20世纪中期的社会学研究，强调发挥个体的主体性与自由性。赋权是通过学习、参与、合作等社会行为，让个体独立自主地掌握分析、反省、行动的动态过程，从而使个体意识到自身所具有的影响力和资源动员能力[③]，成为文化的生产者、参与者、建构者。媒介素养的学习，是多面向、多层次地强化个体的能力，并赋予个体传播权、知识权利与公民权利的社会进程。

---

① MASTERMAN L. The media education revolution［J］. Canadian journal of educational communication，1993，22（1）：5–14.

② BUCKINGHAM D. Media education in the UK：moving beyond protectionism［J］. Journal of communication，1998，48（1）：33–43.

③ 李克琳，许之民. 赋权视角下的技术变革学习：美国国家教育技术计划2017更新版之“学习”部分述评［J］. 现代教育技术，2018，28（3）：26–32.

（1）传播权利的下移

媒介素养教育早期保护主义范式的提出，与西方资本主义国家工业化转型、保守主义传统等社会历史因素密切相关。大众媒介异军突起，魅化地向大众渗透。当时的媒体只是少数人的特权，“具有剥削性和专制性”的金融资本集团和“成为传播的生产者、行销者、消费者以及监控者”[①]的国家垄断了传播实践，媒介内容是政治与经济权利的直接反映。信息的生产与传播被牢牢把控，受众只能被动地获取信息。传播只是从传播者到接收者的线性过程，而无信息的反馈与交互。各种媒介信息中“无不体现着社会权势的意志，无不对应着特定的权力”[②]。新技术的普及则使得传播权向下移动。

在媒介素养培育中，受众积极主动地进行媒介内容生产、寻找表达平台，打破传播者与接收者之间的对立关系。青少年更是挣脱了“成年人”（adult）的束缚，冲破主流的屏障，获得发出声音与被“看到”的权力。新技术赋予了青少年公开表达个人经验与观点的权力，支持个人表达和社会参与的综合信息和分析的权利，强调在网络空间中的平等、尊严与相互尊重。

（2）知识 / 权力关系的中介

福柯认为“现代媒体与当代权力关系网络之间形成了一个全面的社会控制网络”[③]。在媒介权力关系网络中，人们需要习得素养、掌握知识来解码他们收到的信息。赋予用户使用信息访问权及自由表达权，能确保他们参与治理过程，听到外界所有的声音。知识话语在权力关系中被建构，权力又通过知识话语的传播得以维系。素养则在其中影响着人们对信息与知识的感知与评估，在“个体不断地自我诠释和调试”[④]，使用、分析、建构的过程中为受众所认同，洞悉素养、知识、权力三者的关系，从而提升公民行动力。

（3）公民权力的行使

作为“数字原住民”一代的青少年群体从小暴露在复杂的媒介环境里，积累了丰富的媒介经验。媒介素养帮助他们完成身份的转换，不再只是作为媒介消费者。一方面，他们对于文本进行批判性的解读与解释，另一方面，他们“提出关乎社会权力和行动建构的问题”[⑤]。巴西学者保罗・弗莱雷认为素养是一种“意识启蒙”

---

① 莫斯可 . 传播政治经济学［M］. 胡正荣，译 . 北京：华夏出版社，2000.

② 菲斯克 . 关键概念：传播与文化研究词典（第一版）［M］. 李彬，译 . 北京：新华出版社，2004.

③ 李敬 . 传播学视域中的福柯：权力，知识与交往关系［J］. 国际新闻界，2013，35（2）：60-68.

④ 闫方洁 . 从“释放”到“赋权”：自媒体语境下媒介素养教育理念的嬗变［J］. 现代传播（中国传媒大学学报），2015，37（7）：147-150.

⑤ 陈韬文，陆晔，卜卫，等 . 媒介素养的国际发展与本土经验［J］. 传播与社会学刊，2009，1（7）：1-24.

（conscientization）[①]，是民主权利的修辞。素养让原本不受重视的青少年群体能够界定问题并表达自我，自主参加到社会转型与历史进程中，不再作为社会的他者，鼓励个体参与社群活动并影响社会领域政策制定。因此，媒介生产与创作不只是个人的展演、信息的流动，更是“作为公共传播领域的准备和实践”[②]，是一个从行动到反思，再从反思内容到新的行动的循环过程。青少年在线开展的舆论监督、社会倡导、网络行动等，表达出对自身行使权利的重视。

4. 作为文化流动的素养

文化传播的漫长历史依据媒介属性，划分为口传文化阶段、印刷文化阶段和电子文化阶段，在技术的内爆中呈现“部落化—非部落化—重新部落化”[③]的发展轨迹与文化特性；在新文化的创造和旧文化的驱逐中，进行着文化行为与文化变革，媒介素养也在文化的流动中发展着自身的内涵。

媒介素养的产生与发展嵌在不同时期文化的兴起与表征之中。文字的出现催生了口头传播阶段的技术变革。然而，由于文字识别的复杂性与书写复制的困难性，识读成为信息读取的准入标准。奇幻瑰丽的文辞是精英阶层的隐形徽章，文化在阶层中流动与垄断，为少数人所享有。未能接受教育者只能成为边缘或底层群体，“与贵族、富人、社会精英和知识阶级相区别”[④]，被排斥在外，接受着精英们对他们的统治与教化。

谷登堡机械印刷的发明与普及，消解了大众对于文字与文化的神秘想象，为大众媒介的出现与大众文化的传播奠定了现代化基础。资本主义工业化进程推动教育普及、培养阅读能力、刺激阅读需要，文化开始转向平民化、大众化。高雅的精英文化与通俗的大众文化形成鲜明对比，精英文化认为大众文化对社会与传统文化产生的负面影响，随着免疫范式媒介素养的出现，是维护精英文化立场的必然结果。

以报纸、广播、电视等为代表的大众媒介，为大众文化的培育与繁荣提供了温床。多重的文化现象日益兴盛，文化本质上成为一种生活方式的总和[⑤]，文化表达成为日常生活的形式，且“一切公众话语日渐以娱乐的方式出现，并成为一种文化精神，我们的政治、宗教、新闻、体育、教育和商业都心甘情愿地成为娱乐的附庸”[⑥]。法兰克福学

---

① FREIRE P. Reading the world and reading the word：an interview with Paulo Freire［J］. Language arts，1985，62（1）：15–21.

② 陈韬文，等 . 媒介素养的国际发展与本土经验［J］. 传播与社会学刊，2009，1（7）：1–24.

③ 麦克卢汉 . 理解媒介：论人的延伸［M］. 何道宽，译 . 南京：译林出版社，2011.

④ 菲斯克 . 关键概念：传播与文化研究词典［M］. 李彬，译 . 北京：新华出版社，2004.

⑤ BUCKINGHAM D. Media education：literacy，learning and contemporary culture［M］. New Jersey：John Wiley and Sons，2013.

⑥ 波兹曼 . 娱乐至死：童年的消逝［M］. 吴燕莛，译 . 桂林：广西师范大学出版社，2009.

派尤其批判大众对于文化的被动接受与顺从。因此，媒介素养的目标开始向信息的选择与思辨转移，对文化意义与价值好坏保持批判、怀疑的态度，做出判定。尤其是青少年群体在过度的保护中显露出对信息接收的麻木与被动，媒介素养能够帮助他们在严肃文化与通俗文化、主流文化与亚文化中，认识自身所处的现实环境的复杂性，并展开思考。

随着计算机与互联网日渐成为大众传播媒介的中流砥柱，依赖其发展的参与文化成为一种不可忽视、不可回避的力量。学者亨利·詹金斯于1992年最早提出了“参与文化”，以描述数字媒体带来的新型媒介文化样态。参与文化强调了新型数字媒体改变了传统的、单向的、线性的传受关系，受众主动成为信息的接收者、生产者、传播者，具有参与门槛低、乐于分享自己的创作、不间断的圈内文化传承、建立社会关系等特点。

媒介素养不再局限于青少年亚文化社群产生的文本与文化资本，而是逐渐与借助于新技术的赋权相连，“在新媒介技术环境中产生的新的消费主义形式，实现消费者参与媒介叙事的创作和流通”①。

（三）技术创新：青少年网络素养研究的兴起

新媒介与新技术所带来的，是媒介环境的整体变化，而不只是媒体形态或内容的附加。特别是信息化、数字化带来的全新的信息传播形式，进入人们日常生活的方方面面，无可抵挡。以精通技术而闻名的当代青少年，沉浸于信息的海洋之中，在动态、交互、集合的互联网中，达成个性化的需要，实现生活的满足。然而，没有人是天生的技术智者。青少年群体对技术的娴熟掌握，也是在成长过程中为政治、经济、文化与媒介环境所建构。青少年“如何具有分辨信息的能力，有效利用媒体……如何自我完善，并有效参与社会活动等”②，成为素养教育学者思考与试图解决的问题。特别是在世界观、人生观、价值观逐渐成形的人生阶段，青少年更需要被正面引导，正确认识所处的真实 / 虚拟世界，摒除信息中的杂质；避免其对网络的解读与使用被局限在一个有限、矛盾、复杂的层次之中，从而产生模糊混乱的认知与定位，影响其素养的能力。

卜卫在21世纪初就已提出要注重网络素养教育，培养青少年处理网络媒介信息的能力，并强调家长与子女共同提高网络素养③，在校外发挥网络素养的正面作用。人们开始意识到青少年学习与信息传播技术使用的主要情境发生了转移。学校、家庭、图

---

① 詹金斯 . 融合文化：新媒体和旧媒体的冲突地带［M］. 杜永明，译 . 北京：商务印书馆，2012.

② 耿益群 . 新媒体技术与大学生新媒介素养之养成［C］// 中国传媒大学，甘肃省广电局 . 媒介素养教育与包容性社会发展 . 中国传媒大学，甘肃省广电局：中国传媒大学新闻传播学部传播研究院，2012：298–306.

③ 卜卫 . 媒介教育与网络素养教育［J］. 家庭教育：幼儿版，2002（11）：16–17.

书馆、游乐室、博物馆等共同构建了“教育的生态圈”[①]。情境学习成为媒介素养教育的重要方法：通过拥抱互联网来发展媒介教育，实现青少年与社会文化的媒介化表达。

中国现有青少年网络素养情况的测量常根据地区特征、人生阶段等人口统计学因素，有针对性地进行抽样性调查，量化记录青少年对新技术的使用方式、接受程度或作为学习的工具。学者们多以“90后”或大学生群体作为研究主体，密切关注他们在网络世界中的成长情况，主要考察青少年网络认知、网络甄别、网络参与、网络伦理、网络安全等方面的能力，并在研究中探讨现有问题及解决方法，期待通过网络素养的提升来促进网络健康发展。2017年，北京师范大学面向全国7000余名中学生展开网络素养的抽样调查，将青少年网络素养分为“上网注意力管理”“网络信息搜索与利用”“网络信息分析与评价”“网络印象管理”“自我信息控制”5个维度，14个指标，62个操作化定义进行量化测量[②]。

诸多研究都表明了中国当代青少年的网络素养有待进一步提升：一方面，他们能更快地接受新信息传播技术，且对新媒介的包容性、复杂性和互动性的认知都在增加；另一方面，青少年中也出现了网络成瘾、使用能力滞后、法律道德观念缺失等问题。

网络成瘾问题是青少年网络素养研究较早关注的议题之一。互联网刚接入中国家庭时，部分青少年过度依赖互联网，躲入网络空间以逃避现实，损害个人身心健康和社会功能。因此，网络一度被贴上“妖魔”的标签，被认为是“电子海洛因”。这种“病态的网络使用”（Pathological Internet Use）本质上是青少年对于网络认知与网络使用把控力的缺失。伴随着网络功能的丰富、上网方式的多元及网络素养教育的开展，互联网开始去污名化，难以自拔的网络成瘾行为有所缓解。然而移动互联网的广泛应用与智能手机的日渐普及又引发了新的问题。“手机依赖”（mobile phone dependence）成为常态的行为习惯，并引发青少年的焦虑、恐慌、孤独等负面情绪，出现“手机依赖综合征”（mobile phone dependence syndrome）。心理学研究与公共卫生研究着重跟进这一现代病症，试图寻找有效的预防干预措施。

使用能力滞后是媒介环境与个体经验共同引发的问题。尽管青少年擅长使用新技术搜寻自己需要的信息，但并不代表其使用能力很高。在人工智能与算法推荐的情况下，青少年常常囿于“信息茧房”，在原本打破物理限制的网络空间中又筑起一座围城，陷入个性化的圈套之中。他们只选择与个人兴趣、立场相符的媒介信息，忽视甚

---

① SEFTON-GREEN J. Digital diversions：youth culture in the age of multimedia［M］. London：Routledge，2004.

② 北京师范大学教育新闻与传媒研究中心.《2017青少年网络素养调查报告》显示：中国青少年网络素养有待提升［N］. 光明日报，2017-07-06（11）.

至是遗忘其他信息的行为，与互联网开放、共享、多元的本质并不相符，更容易产生“偏激的错误、过度的自信和没道理的极端主义”[①]。不成熟的算法推荐内容未经把关，将劣质与低俗的内容传递给青少年。长此以往，这种具有单一性、同质性、倾向性的不健全的窄化信息机制，让青少年长期生活在经过媒体挑选、过滤、加工后呈现的“拟态环境”之中，最终导致他们认知片面、观点趋同、素养退化。只有打破信息渠道的日益丰富与信息获取的日益狭窄的困局，才能真正让青少年从技术能者转变为技术智者。

法律、伦理、道德观念的越轨是在互联网飞速发展后出现的新问题。中国互联网“先发展，后治理”的做法，在互联网发展过程中不可避免会出现秩序的干扰者与混乱者，以及传播虚假信息、实施网络霸凌、侵犯个人隐私等行为，如同病毒一般在常人看不见的阴暗处蔓延。如果社会管理水平、法律制度建设、公民道德水准未能及时跟进，就会引发网络社会的危机，并反馈至现实社会中，扰乱社会秩序。为了使良好网络伦理环境与社会文化空间共生共建，学者们加强了网络素养与价值观念引导的研究，通过社会主义核心价值观的培育，强化青少年的主体责任意识与道德意识。网络安全、网络治理、网络伦理既要通过国家层面完成，也需要教育教化个体规避失范行为。

二、青少年网络素养研究的技术转向

媒介是反映、增强与形塑文化态度、行为、价值及迷思的文本，扩大了人类延伸的半径。媒介的每次演进都带来信息与媒介环境的震动，素养也跟随不同的媒介环境而变化。新素养、多元素养、多模态等术语被提出，用来概念化新的信息技术传播方式对素养与学习的影响，描述多元媒介设备与媒体文本，以及随着文本类型而变化的意义建构。

素养伴随着基础传播技术发展，是广泛持有的、对社会有益的、有价值的实践集合。尽管媒介形式与技术不断更迭，素养的内涵也在地域、文化和历史进程中不断更新，但是素养教育与学习的初衷却未曾改变。根据人们对素养的定义方式和基本衡量标准，我们可以断定几乎在任何地方或任何时间，素养都有自身流动的目标。素养的全貌从来不轻易展示，而是“通过我们从特定角度来学习文化，向我们展示社会传播方式的片段”[②]。正如马歇尔·麦克卢汉（Marshall Mcluhan）根据文化活动与媒介物质

---

① 桑斯坦 . 信息乌托邦：众人如何生产知识［M］. 毕竞悦，译 . 北京：法律出版社，2008.

② VEE A. Coding literacy：how computer programming is changing writing［M］. Cambridge：Mit Press，2017.

划分时代的分界线，在不同媒介产生后，素养的具体指向产生变化。

网络素养是媒介素养在新媒体环境中的发展与延伸。互联网融合了多样的媒介形态，通过对物质世界的抽象描述，以及对文字、声音、图像等媒介文化符号的超文本化，建构了开放、多样的网络空间。因此，网络素养具有媒介演进过程中所表现出的特性，并在新媒体环境中有新的表现。当然，新媒介素养与旧媒介素养同样重要。

（一）读写素养

印刷媒介时代的读写素养常常被认为无足轻重。尤其是受到数字化冲击后，印刷媒介式微，识文读字不再拘泥于纸质印刷品，它在历史进程中的重要意义被大众逐渐淡忘。尽管对书面文本进行编码和解码的方式产生变化，但读写素养却不曾过时。事实上，基于印刷时代的读写素养为推动知识建设与精神进步作出了不可磨灭的贡献。

读写素养的早期研究中，素养包括阅读、书写等一系列独立的技能，是有效交流的文化资源，是现代人类生活发展的基础素质，是社会文化生活的基石。研究者主要从儿童与青少年的课堂教学与家庭教育着手，认为读写素养需要通过教学习得，因此侧重于寻找有效的实践法[①]，来提升儿童与青少年读写技能。对读写技能的教学法探索已形成了独特的研究路径，并随着社会发展有了新的关注点。

其一，特殊教育偏向。读写素养对于特殊人群的社会参与及个体进步的重要性显得尤为突出，因此，读写技能的教育问题成为紧迫的命题。穆尔斯（Moores）针对听障少儿群体展开研究，认为他们需要掌握阅读与书写的能力。从解决对策视角促进听障少儿群体学习环境的形成与适应，获得教育资本，避免他们与社会脱节，将推动社会与教育公平。

其二，技术性偏向。无论在哪个领域，知识复杂性的累进，都对人们撰写和理解书面文本的能力提出了越来越高的要求。新技术带来了扩展的读写能力的改变，帮助读写的技术应用也逐渐被纳入读写素养的范畴。文本—语音转换工具、拼写检查工具、语法纠正软件、屏幕手写输入法等多样态的读写方式，扩大了传统的读写印象，改变了过往的读写习惯。“技术素养”（technological literacy）与“素养技术”（technology for literacy）都被纳入了教育性政策设计的考量之中[②]，同时也对青少年在现实生活中的读写素养能力提出挑战。

其三，社会性偏向。不同的社会群体对于素养的定义、习得、使用也都有着不同

---

① NEUMAN S B，ROSKOS K. Play，print，and purpose：enriching play environments for literacy development［J］. The reading teacher，1990，44（3）：214–221.

② BEREITER C，SCARDAMALIA M. Technology and literacies：from print literacy to dialogic literacy［C］// Springer，Dordrecht. International handbook of educational policy，2005：749–761.

的理解。素养的讨论应取决于其社会情境与社会目的，开启“社会学模式的读写素养”。因此，许多研究者更倾向于探讨素养实践或者素养活动，而非素养本身①。换言之，研究者们认为素养是社会活动，具有高度的社会能动性，而不是一套嵌入式的认知技能的展示。青少年的素养习得需要依托本土语境，创建本土经验，反哺社会和家庭，为全球青少年网络素养贡献智慧。

（二）屏幕素养

从印刷文字到移动影像，变革的不仅仅是信息呈现形式与视觉传播方式，更是“优化自我的视觉化生存的思维方式和能力”②。电视、电影、录影带等基于银屏使用的媒介，如文字、音乐、绘画等形式嵌入日常生活的场景之中，对于青少年品位与习惯的形成具有巨大的影响力。在青少年儿童的成长过程中，电影、电视如同魔镜一般，用声光电影向他们转达着如真似幻，难以企及的外部世界，再现着他者的生活。

研究者认为儿童从两岁起就应该具有理解电视语言逻辑的能力。在成长过程中，儿童渐渐能够清楚区分节目类型、镜头语言以及真实与否。从童年向青春期过渡时，他们开始好奇荧幕背后的故事，何人创作，何种意图，并触及个体的生活经验，有了正面或是负面影响的意识，将媒介祛魅；电影电视呈现“情感现实”或“扭曲现实”③，让青少年受众发展出自身的审美旨趣。

1963 年纽森报告（Newsom Report）提出要正视电影和电视的价值，强调大众媒介对于青少年的积极影响。同时，该报告建议将电影、电视作为学校课程材料的必要补充，丰富媒介素养教育。20 世纪 60 年代，“加拿大屏幕教育协会”（Canadian Association for Screen Education）掀起了以“屏幕教育”（screen education）为核心的媒介素养教育浪潮。影视教育课程被纳入了加拿大部分中等教育的选修课程体系，旨在让青少年观看含有暴力、色情等不良信息的影视内容时，能够适当甄别，以免损害他们的身心健康。同时，通过培养区别对待影视作品的能力，在对媒介产品的优劣对比中，引导学生形成自反性的价值评判标准。

英国电影协会（British Film Institute）提出的电影素养（cineliteracy）强调移动影像的重要意义。协会将电影素养分解为移动影像语言（the language of moving images）、生产者与受众（producers and audiences）、信息与价值（messages and values）三个层

① BUCKINGHAM D. Media education：literacy，learning and contemporary culture［M］. New Jersey：John Wiley and Sons，2013.

② 陈旭红 . 视觉文化与新的生活图景的构建［M］. 北京：中国社会科学出版社，2015.

③ BUCKINGHAM D. Moving images：understanding children's emotional responses to television［M］. Manchester：Manchester University Press，1996.

次，在青春期这一重要学习阶段探讨影像文本与现实的勾连，也是媒介素养教育的关键领域[①]。移动影像语言包括声画风格、叙事结构、镜头使用等；生产者与受众是指关注双方在媒介产品、经济链条、文本分发等环节的平等对话关系。

“屏幕教育”尤其注重功能性与批判性。无论是电视媒介还是电影媒介，都具有极强的文化属性与意识形态属性。伯明翰研究表达了文化研究是多元的、雅俗共赏的观点，强调文化在日常生活中扮演的重要角色，更从理论上支持了电影、电视“作为文化中一种强有力的语言和观念的源泉，作为文化经验最重要的传播方式”[②]。影像体现了“屏幕教育”在个人生活及课堂学习中的必要性与重要性，以其独特的艺术性与叙事性帮助学生增强对信息、知识的认知。

“影像时代”的大众文化进入社会教育领域具有了合法性，对传统文化造成了正面冲击，学校成为教科书与大众文化的官方桥梁，成为青少年获取文化资本的有效手段。

移动互联网进一步推进“读图时代”的到来。从图片欣赏到图片创作，再到图片分享，形成全新的图像社交网络。移动短视频是读图时代的下一风口。抖音、快手等移动应用占据了全球青少年大量的碎片时间，改变了青少年的信息获取习惯与阅读习惯；AR 换脸、Deepfake 等创新技术提高了青少年对短视频的制作兴趣。然而技术的狂欢不应忽视用户素养与价值观念，屏幕素养因此产生新的时代意义，再次进入青少年网络素养的组成机制中。

（三）计算机素养

20 世纪 70 年代，计算机开始成为社会基础性工具，但其多元、可持续的效果却还未受到大众的重视。随着计算机与个人生活互动的频繁，人们渐渐将计算机素养提升至国民意识的层面，开始学习计算机以成为高生产力的公民，维系生活水平，不与社会脱节。计算机，作为一种工具的同时，也作为一种媒介存在，对教育的实用性、质量与水平有着显著影响。计算机的素养培育成为政府、企业与教育机构的重点，通过科普教育让所有人都有机会了解、掌握计算机的有关技术，实现人机的交互。

1978 年 5 月，*The Mathematics Teacher* 上刊登了关于“计算机进教室”的立场声明，认为当代教育的基本成果是计算机素养。计算机科普的重要性被提出，“每个学生都应通过现代应用程序对计算机的功能和局限性有第一手的经验……教育工作者应该认识到计算机在解决学科间问题和帮助教学的优势……应设法使计算机易于使用，作为教

① BUCKINGHAM D. Media education: literacy, learning and contemporary culture［M］. New Jersey：John Wiley and Sons，2013.

② 资料来源：MEWSOM J，*Half our future (Newsom Report)* 1963，P474.

育计划的组成部分”[①]。在我国，邓小平同志“计算机普及要从娃娃抓起”的指示，揭开了中国计算机普及教育的序幕，掀起了全国性普及计算机教育的高潮，普及的主要对象为非计算机专业的大学生与部分大城市的中学生。这一行动促进了全社会对计算机的了解和重视，建立了计算机教育体系，为计算机素养的培育打下了良好基础。

明尼苏达州计算机素养评估（The Minnesota Computer Literacy Assessment）的研究人员首先开发了计算机素养的概念框架，用来考量计算机素养的发展如何对学生的知识、态度、技能产生影响[②]。杜泽（D’Souza）认为计算机课程可以按照对计算机的理解划分为三个层次[③]。（1）计算机意识：计算机素养的最低水平，仅了解计算机是什么，以及计算机的功能与应用；（2）计算机识读：对计算机有较好的认识，并知道如何使用与操作；（3）计算机娴熟：基于理解系统程序，具有编写和分析的能力。

对计算机的掌握是现代生活中一项必备的基础技能，与阅读、写作、算数同样重要，社会语境中的媒介也提倡在循序渐进中学习计算机技术，来消除学习的壁垒和对新技术的恐慌。计算机如何促进教学，是否能促进教学[④]，也成为当时极具争议的话题。

不同于电影、电视如同神秘的盒子，计算机素养要求在教育开展之初就完成对计算机的祛魅工作。计算机协助教学（computer-assisted instruction）与计算机协助学习（computer-assisted learning）让青少年跨越学习壁垒，熟练操作计算机，建立文档，处理数据，并最终认识到计算机技术在当今社会日常生活中的主要地位。素养中书写的属性又重新回归人们的视野。

代码素养运动在全球化浪潮中蓬勃开展，是青少年“计算机素养”的二次科普。代码被认为是计算机书写的传播（written communication）。编程能力渗透到流行话语中成为一种新潮流，具有构成青少年网络素养的功能因素（个体真实需要）和修辞因素（社会知识需要）。代码编写是一种怎样的活动，具有怎样的意义，赋予书写者怎样的地位，是社会权利还是个体权力？安妮特·维伊（Annette Vee）将传统读写和代码编写进行类比，从编码过程、分发渠道、应用轨迹、组织驯化的维度，提出“计算思维”（computational mentality）的概念[⑤]。类似的表达还有问题分析与分解、算法思维、算法表达、算法抽象、建模与错误隔离等。代码在信息循环中体现的社会文化价值，

---

① DIRECTORS，B O. Position statements on basic skills［J］. The mathematics teacher，1978，71（5）：468.

② JOHNSON D C，ANDERSON R E，HANSEN T P，et al. Computer literacy—what is it?［J］. The mathematics teacher，1980，73（2）：91–96.

③ D’SOUZA P V. Computer literacy in today’s society［J］. Educational technology，1985，25（8）：34–35.

④ HANNUM W. Reconsidering computer literacy：a critique of current Efforts［J］. The high school journal，1991，74（3）：152–159.

⑤ VEE，A. Coding literacy：how computer programming is changing writing［M］. Cambridge：Mit Press，2017.

为计算机素养提供强大的底蕴。

计算机的书写者（writer）也是生产者（producer），通过设计和生成，将书面文字及相对复杂的图层、影像、声音等进行组合①。学生在书写或生产时，需要考虑和理解整体布局、文本关系、图像属性、受众特征等，以此培养他们对开发技术和计算思维的理解。

随着计算机科普教育的完成及"数字原住民"一代的诞生，计算机素养的概念无法完整表达出大众对日新月异的信息传播技术的认知及掌握情况。日本学者小柳和喜雄（Waiko Oyanagi）认为信息传播技术素养（Information Communication Technology Literacy）是基于"工具与技术的概念、表征的模式以及社会文化理念"②的素养概念。信息传播技术素养的标准框架被提出，其中信息传播技术的熟练程度是框架中的核心标准。基于原本对硬件、软件、网络知识等技术领域的理解，定义了访问、管理、整合、评估与创建信息物种技能，帮助青少年更深层次地理解与掌握技术，了解技术对于政治、经济、文化的影响，尤其是了解如何应对未知的智能时代的不确定性。

三、数字时代青少年网络素养研究的新范式

长期以来，研究者们一直在试图解释，以社会生活为基础的技术系统对人类的意义，并将素养看作理解传播与技术之间关系的一种有效方法。在社会实践的框架下，技术发展从变量因素转化为与思想、实践交织的过程和关系，传播环境推动个体改变，新的机遇和问题提出更新素养的要求。在培育青少年网络素养环节，除了注重综合能力的习得，更注入了对媒介环境的理性感知。青少年网络素养随着技术发展高度分化，提出更新的研究范式，来适应新媒体技术出现后对新媒介环境演变所提出的具体要求。

（一）参与：多元媒介的新拓展

1. 参与式素养：基于青少年网络生活的新日常

学者常以"多元"概念来描述纸笔无法限制的日新月异的传播渠道与媒介，以及素养学习过程中日益显著的语言多样性与文化差异性。媒介世界充斥的数字产品，文字、图片、声音、影像、动画、图片等，一改传统媒体时代"单兵作战"，转向多元化。多形式和多模态的媒介共生体系，打造多维度、全功能的信息载体，为用户的自

---

① SHERIDAN M P，ROWSELL J. Design literacies：learning and innovation in the digital age［M］. London：Routledge，2010.

② OYANAGI W. A research and development on curriculum framework around ICT literacies for teachers［C］. International Conference on Computers in Education Proceedings，2002：1100–1104.

我表征、身份认同、关系建立等提供了更为丰富的机会形态。数据素养、信息素养、健康素养等都成为多元素养的延伸与分支，在数字化、信息化的媒介环境中，产生了“相互渗透、相互贯通乃至相互转化的动力”①。

青少年作为生活高度媒介化的网络主体，比上一世代拥有更丰富的技术手段和交流平台。无论是网络贴图、照片共享，还是音乐混录、视频编辑等不断更新的数字手段，都蕴含着人们不断变化的观念、情感、旨趣，以及构成日常生活的符号系统和在互动中建立连贯的意义，反映了用户个体需求和社会需要的联系，为用户获取信息、参与发展创造条件。

多元媒体时代的青少年兼具多重身份，不仅是“信息消费者，内容生产者，还是信息传播、情感交流、群体写作的积极参与者”②。因此，素养教育者开始重视培养青少年对新的媒体技术的适应能力、批判能力和参与能力，给予用户更多新途径，来对媒介内容进行归档、注释、挪移、再流通。詹金斯特别强调了参与与互动（Interactivity）的区别，认为二者分别是文化层面与技术层面的概念。例如，Facebook、YouTube这样的具有互动功能的社交媒体平台并非参与文化的必需品，而是维系社会关系的工具。

“参与式素养”的概念则呈现了青少年用户在社交媒体与数字文化中多媒体使用与共享的实践图景，反映了他们在网络消费与使用中，超越技术模型学习阅读与书写的全新思维方式。这一概念基于詹金斯于1992年提出的“参与文化”，以描述数字媒体带来的新型媒介文化样态，以及青少年用户在媒介构成的社区中掌握互动参与的核心技能，如游戏能力、模拟能力、表演能力等，是多个参与者、多线性、多模态、相互联系的过程。青少年在参与中共同建构意义、分享文本，学习如何成为积极的文化参与者。

2. 参与式素养的研究路径

随着互联网日渐成为传播媒介中的中流砥柱，参与成为一种不可忽视和不可回避的文化力量。参与式文化与参与式素养不再局限于青少年亚文化社群生产出来的文本与文化资本，而是逐渐与借助新技术的赋权相连，被视为一种“在新媒介技术环境中产生的新的消费主义形式，能够实现消费者参与媒介叙事的创作和流通，并成为生产者的期待”③。

---

① 黄丹俞．图书馆阅读推广中的素养认知与提升［J］．图书馆理论与实践，2016（5）：8-12，17.

② 彭兰．网络社会的网民素养［J］．国际新闻界，2008（12）：65-70.

③ 詹金斯．融合文化：新媒体和旧媒体的冲突地带［M］．杜永明，译．北京：商务印书馆，2012.

以青少年聚集的在线社群为单位开展素养教育也成为新的研究与实践趋势[①]：探讨在线社群如何挑战传统权力机构的控制或批判商业文化主导下的意识形态；在消费社会的语境中，青少年的在线参与从"抵抗"转变为"合作"；权力结构发生的流变与转移，新的等级制度与边界意识重新产生；等等。

近年来，一些学者对参与式素养的范式做出批判。他们认为技能只是基础，青少年的社会交往、公共参与意识等内涵更需要得到提升。特别是随着在线文化社区越来越多地被大公司和平台所组织、控制和操纵，青少年常常"在参与的狂欢中忽略互联网的负面效益"[②]。格拉德威尔（Gladwell）提出"懒人行动主义"（slacktivism）概念[③]，特指自我感觉良好但政治或社会影响力为零的现状——为坐在电脑前，不停摆弄手机，在社交媒体上转发或者点赞的新一代参与者提供了理想模型。凡·迪克（Van Dijck）对参与式文化是否真的帮助个体交往并与社会行动建立连接，培养关系和促进民主产生怀疑。他认为，"一个由少数大企业和无数小公司串通起来的新的媒介生态系统"是一种"连接文化"（culture of connectivity）[④]。青少年的参与在很大程度上源于商业鼓吹。精彩夺目的广告建构出带有"流行"属性的社群，引导青少年在其中将自身的资本转化为消费动能。因此，培养青少年参与素养仍需要重视批判能力，提升多维度、多视角思辨的能力。

（二）移动：超媒介化的新能力

1. 移动素养：基于青少年媒介使用的新情境

移动是21世纪生活最具代表性的特征。台式计算机和笔记本电脑的最初使用仅停留在商业领域和教育领域，经过一段漫长的时间后才正式成为日常生活的一部分。然而，移动网络与移动设备却十分顺利地为大众所接受。

与传统印刷媒体及视听媒体线性、分层的，由逻辑、规则驱动的特性相反，互联网和移动网络体现的是多媒体文本、超文本性、无政府组织、同步性、互动性、文化多样性和包容性[⑤]，其打破了传统媒体自上而下、整齐划一的传播形态，真正摆脱了时间与空间的限制，随时、随地、随身，最大化满足用户的需求，成为联系与关系的综合。

---

① 李德刚，何玉．新媒介素养：参与式文化背景下媒介素养教育的转向［J］．中国广播电视学刊，2007（12）：39–40.

② FUCHS C. Social media：a critical introduction［M］. London：Sage，2017.

③ GLADWELL M. Small change［N］. The New Yorker，2010，4（2010）：42–49.

④ VAN DIJCK J. The culture of connectivity：a critical history of social media［M］. New York：Oxford University Press 2013.

⑤ LIVINGSTONE S. Media literacy and the challenge of new information and communication technologies［J］. The communication review，2004，7（1）：3–14.

移动化成为一种新的社会组织结构方式，人们越来越习惯生活在以网络或数字通信为中心的网络社会中。信息通过移动终端进行展示与发布，智能移动设备成为用户获取信息的主要渠道，连接了物理世界和虚拟世界。通过移动端口接入网络空间，在越发碎片化的网络世界中生存，与现实世界产生超链接的需求，由此出现了移动素养范式。

在超媒介化（hyper-mediated）的社会中，无限开放的信息技术为人们了解世界提供了新的途径；个体穿梭在移动手机、在线视频、网络游戏等各种模式的媒体之间，创造并改变意义，展示他们使用数字工具的巨大灵活性与创造力。青少年用户满怀探索新鲜事物的热情，超越自身的主体能动，突破常规的想象，在当下与未来间跳跃，反思媒介属性与人的关系。“广泛的信息渠道和多样化的信息选择为人们实现主体性价值和独立意识提供了物质生活条件”[①]。在人格发展与社会进步的视域下，移动素养与现代化具有“目的同一性、价值共通性、相互制约性”。

移动素养与当代青少年后现代的文化特质不谋而合。青少年的传播是移动的、碎片的、非线性的。帕里（Parry）认为移动素养聚焦在:（1）理解信息近用;（2）理解超连接性（hyperconnectivity）;（3）理解新的空间感（the new sense of space）[②]。辛普森（Simpson）和沃尔什（Walsh）将移动素养作为一个组织的框架，聚焦青少年日常生活的重要移动设备iPad进行分析[③]。移动性意味着可以在时空中自由地运动，移动设备的特性可能会影响“认知负荷，获取信息的能力，以及从不同的现实和虚拟位置物理移动的能力”[④]。因此，有效的移动学习应当来自移动设备、学习者、与社会的联动。其他对于移动素养的研究多根据调研或已有模型描述必须满足的要求，在相似的定义中，描述理想的移动素养属性。

2. 移动素养的研究进路

移动设备逐渐普及，在教育环境中也得到广泛应用。像其他许多技术一样，移动设备很容易影响青少年学习的“脆弱生态”[⑤]。在社会行动与教育实践中，移动技术给教育带来了多层次的挑战。学者们致力于考量移动环境的特性与其对青少年数字学习的影响，特别是通过移动数字手段进行再现和传播的实践，让人们意识到培养新的素养首先需要熟悉各种传播工具、方式和媒介手段。

① 刘学平，汤桢子. 移动互联网时代人的现代化与媒介素养提升［J］. 理论视野，2017（6）：25-27+38.

② PARRY D. Mobile perspectives：on teaching mobile literacy［J］. Educause review，2011，46（2）：14-16.

③ SIMPSON A，WALSH M. Mobile literacies：moving from the word to the world［C］//In the case of the iPad. Singapore：Springer，2017：257-265.

④ KOOLE M. A model for framing mobile learning［C］. Mobile learning：transforming the delivery of education and training，2009，1（2）：25-47.

⑤ MERCHANT G. Literacy in virtual worlds［J］. Journal of research in reading，2009：38-56.

学者们将移动设备引入课堂，进行教学实践的同时展开实证调查探讨素养发展[①]，从符号表征和互动模式考察教育行动，重点关注如何利用迅速发展和日益多样化的数字技术手段进行学习，以及青少年个体如何伴随新技术学习成长。教师通过教学实践帮助青少年了解如何导览知识，以便在特殊情况下选择、操纵和应用现有的信息[②]，并理解移动素养。

除了思考如何通过使用移动技术来增强或改变青少年学习的观念和体验，移动时代的素养学习还要帮助各个阶段的学生对日常生活中移动技术的使用和滥用形成批判性的理解，用后现代的视角观照以个体成长为中心的主体性与主动性发展。

持续的移动交互让人们对大量信息串联做出反应。除了正向的发展，过载的信息也将青少年拉扯至另一个极端，因此要求通过批判性观点审视移动技术所展开的消极话语。日常的、移动化的伴随状态，因过度聚焦与习以为常而忽略了移动设备对青少年的影响。一方面，移动设备造成的序列性的注意力分散（serial digital distraction）[③]，延续着过往对网络成瘾的研究与网络控制的能力，呼唤在消费主义中的适时登出，特别是要避免将孩子完全交给移动设备；另一方面，因为法律机制尚未健全，面对在线的剥削、霸凌、论战等问题，网络道德规范与伦理研究的重要性与必要性也逐渐凸显，约束网络行为开始被纳入考量。

（三）官能：身体延伸的新知觉

1. 官能素养：基于青少年身体知觉的新体验

素养是由社会塑造和传播的，依赖于物质形式。个体展演或接受方式也不可避免地受到这些社会和物质因素的影响。特别是在网络空间中，边界愈加模糊的“人—人”“人—机”“人—社会”交互机制与技术创新的融合实践，社会物质性尤为明显。社会物质性将素养实践与数字实践中人类的意识与物质（如行动者、身体、设备等）放在平等位置进行探讨，追溯意义建构中的人类与非人类因素，仔细地描绘、梳理素养实践中出现的复杂元素网络[④]。哈斯（Haas）关于“身体是心理和物质之间进行调节

---

① FOTI M K，Mendez J. Mobile learning：how students use mobile devices to support learning［J］. Journal of literacy and technology，2014（3）：58–78.

② YARMEY K. Student information literacy in the mobile environment［C］. Information and data literacy：The role of the library，2011.

③ HORRIGAN J. The mobile difference［R］. Pew internet and american life project，2009.

④ FENWICK T，EDWARDS R，SAWCHUK P. Emerging approaches to educational research：tracing the socio-material［M］. London：Routledge，2015.

的机制”[①]的论断，以及福柯（Foucault）对人类是“由多种有机体，力量，能量，物质，欲望和思想物质性地构成”[②]的描述，都体现了身体作为叙述的重要信息源，在传播活动中通过感官体验与心理框架，连贯有形文本的身体和物质性体验，同时扩展超越物质世界的抽象概念。

媒介化的行为，如点击、滑动、摇摆、人脸识别等，打破了传统的对阅读书写定义的方式。身体、化身、屏幕共同交织，流动在网络空间中。平板电脑和智能手机应用程序增强了观感延伸的潜力；可穿戴设备、智能家居、虚拟装置等，通过网络互联与现实增强，成为身体的延伸，让用户浏览更多信息，触及更多平台，整合更多手段，捕捉互动的内在本质。麦克卢汉的经典媒介观“媒介即人体的延伸”在这里得到验证。高度物质性的身体不再受制于空间与时间的压力，数字媒体的近用性也随着身体行为的加入大大增强。

身体行为产生了系统化、具象化的知识，并通过身体记忆形成文化的习性。知觉不仅是人类生物性的本能，也是文化训练的养成。这些从文化和社会中学到的动作和肢体语言构成了社会生活[③]。传统素养研究中对于身体官能感知，多集中在用以阅读的视觉观感，认为所见即真实，特别是作为语言表达介质的图像成为再现世界与符号的统领后，愈加忽略了在与听觉、嗅觉、触觉、味觉等生理官能的交互关系中的考量。而在日益增强的数字技术可供性中，学者逐渐捕捉到身体在传播中的参与程度，认为有必要改变当前的读写重点。

2. 官能素养的研究进路

在各种技术媒介化的形式中，身体对素养实践起着根本性的作用。官能化并不能使身体神化或升华[④]，只是承认官能在素养实践中被遗忘的作用，改变身体、感官、环境、世界之间的关系。官能素养在实践中关注人们感知空间对多种感官的相互作用。“一切技术是感觉器官和官能的分离”[⑤]，当媒介重新将身体与感官纠缠，官能素养重新思考素养和交流实践（包括其调节和生产技术）的关系。米尔斯（Mills）认为官能素养源于人类学、

---

① HAAS C，MCGRATH M. Embodiment and literacy in a digital age［C］. Handbook of writing，literacies and education in digital cultures，2017.

② FOUCAULT M. Power/knowledge：selected interviews and other writings，1972–1977［M］. New York：Pantheon，1980.

③ MAUSS M. Body techniques［J］. Sociology and psychology：essays，1979：95–123.

④ MILLS K A. Literacy theories for the digital age：social，critical，multimodal，spatial，material and sensory lenses［M］. Bristol：Multilingual Matters，2015.

⑤ 刘婷，张卓 . 身体 – 媒介 / 技术：麦克卢汉思想被忽视的维度［J］. 新闻与传播研究，2018，25（5）：46–68，126–127.

社会学和感官哲学[①]，建立在社会科学的既定研究基础之上，强调传播交互过程中身体的中心地位，凸显外部世界对人类经验、知觉、知识和经验的感官影响，是视觉、声音、触觉、姿势、运动、气息、味道、温度、情绪等多重身体意识的体验。

全媒体融合的背景下，网络素养在青少年的具体实践中的官能意识不断变化。无论是在影院观赏电影，或是蜷缩在沙发上阅读，还是边走边用相机记录生活，都体现了数字技术不断扩展，交互性与移动性增强，展开全新的体验。面向青少年的游戏开发也越来越重视滑动、点击、拖动、倾斜等动作，与游戏空间的交互响应[②]。官能素养强调的是，网络空间中主体思维与身体并非分离的，而是作为整体存在。学者将“身体作为媒介”（body-as-medium）[③]，考察青少年的官能如何构成新媒体的创作实践。在元宇宙降临之后，官能素养又将支持虚拟化身及真实自己的维系，避免沉溺于虚幻世界中。

官能式的学习也成为青少年网络素养教育的新策略。教育者认为，除了在课程任务中加入视听材料，还应该打破视觉霸权，加入与触觉、味觉、嗅觉等官能相关的材料，来唤醒学生的多重脑区。游戏或官能体验，例如，触屏与交互电子书的设计，为青少年情感、智力等社会化发展提供了广泛的基础[④]，同时也将新媒体的技术潜移默化地融入多种官能交织的学习情境中。

---

① MILLS K A. Literacy theories for the digital age：social，critical，multimodal，spatial，material and sensory lenses［M］. Bristol：Multilingual Matters，2015.

② MILLS K，UNSWORTH L，EXLEY B. Sensory literacies，the body，and digital media［C］//In handbook of writing，literacies and education in digital cultures. London：Routledge，2017.

③ ENRIQUEZ G，JOHNSON E，KONTOVOURKI S，MALLOZZI C A（Eds.）. Literacies，learning and the body：Putting theory and research into pedagogical practice［M］. London：Routledge，2015.

④ GRABER D，MENDOZA K. New media literacy education（NMLE）：a developmental approach［J］. Journal of media literacy education，2012，4（1）：8.

第三章　认知：基础能力与习得经验

认知是网络素养的初级阶段，是指用户对接入互联网的设备（如电子计算机、智能手机等）、方式（如移动网络、无线网络等）、应用（如社交媒体、网络游戏等）的基础了解与初级使用能力，是使用互联网的准入门槛。互联网认知程度高的人，更易于连接互联网进行消费活动。

新时代青少年的互联网认知，依托于信息技术在基础教育阶段的普及。研究显示，尽早地培育基本技能，能够帮助学生更好地融入现代社会[①]。我国对于网络素养认知的推进，采用了与"扫除文盲"运动相似的方法，自上而下铺开。面向青少年，根据学习层次的不同，在基础教育中采用了不同的培养方式与内容标准[②]。我国自21世纪起所开展的"校校通""村村通""农村中小学现代远程教育工程"等，为不同层次青少年的素养认知培育提供了重要的支持与保障。而在面向其他人群时，虽未能集中开展教育活动，但是通过大众媒介进行了积极的宣传与倡导。至此，对网络素养的培育也成为"数字原住民"与"数字移民"身份的划分标志。

本章的研究由两部分构成。第一部分面向在读的大学生与高中生发放网络素养技能的自评式问卷，根据新媒介素养NML框架的四个维度与相对应的能力指标，了解中国青少年当前网络素养的能力现状，以及相关的影响指标。第二部分，笔者继续追问能力背后的故事。采用生命史的研究方法，对"80后""90后""00后"三个代际的青少年进行深描，探讨生命经验对于网络素养认知维度能力获得与产生的影响。

① JOHNSON P. The 21st century skills movement.[J]. Educational leadership，2009：67（1）：11.

② 任友群，隋丰蔚，李锋.数字土著何以可能?——也谈计算思维进入中小学信息技术教育的必要性和可能性[J].中国电化教育，2016（1）：2-8.

一、现状审视：中国青少年网络素养技能描写

网络素养是青少年社会化成为网络公众的必备技能。然而，网络素养的培养与提高并非一蹴而就，而是一个“过程化”的知识框架，通过具体事件最终形成。本节基于 NML 的理论模型，试图了解中国青少年网络素养能力情况。从青少年在功能式消费、批判式消费、功能式产消、批判式产消四个维度的表现出发考察，对中国青少年网络素养的现状描写，能够较为清晰地反映出青少年当前的优势与不足。

（一）素养技能与测量模型

中国自 2000 年左右开始拥抱互联网，数字化进程逐日推进。从认识计算机为何物到可进行基础操作，人们对于网络的期待与投入日渐增加。信息传播技术的普及，让更多人在认识、使用互联网之余，主动地将其融入日常生活。全民参与的自下而上的技术狂欢，呼唤政府以更开放的态度调控互联网，并鼓励公民进行自我调节，自发建立社会信息免疫系统。网络素养便是建立网络清朗空间的利器。

研究人员、教育者和政策制定者一直在努力解读网络素养，并不断强调这种新素养的重要性。学界尤其注重网络的主体用户，对青少年人群进行网络素养调查。研究主题包括问题现状与对策研究、网络行为研究、应用能力研究、思想教育研究、心理健康研究、教育路径研究等。了解当代青少年的素养情况与提升青少年的网络素养具有迫切性。“测量素养技能的组成部分的研究，对素养教育的多维面向具有帮助”[①]。然而，关于网络素养能力的核心构成与理论模型仍处在探索阶段，本土化的能力框架搭建尚缺乏进一步的细化与科学界定。

新加坡学者林子斌与其团队通过对媒介素养文献的系统性整理，构建了一个以“参与性文化”为出发点的四维度的新媒介素养能力框架（NML 理论框架）[②]。该框架分为功能式消费、批判式消费、功能式产消、批判式产消，包括理解、评价、综合、分析、创造、参与等 10 项指标。其中功能式媒介素养与批判式媒介素养以用户个体的批判反思为衡量指标，体现个体素养能力的水平差异；消费与产消的区别是个体是否参与媒介信息的生产与制作。在初期的预备调查实验后，该团队又进一步改善该理论模

① HOBBS R，FROST R. The acquisition of media literacy skills among Australian adolescents［J］. Journal of broadcasting and electronic media. USA，1999.

② LIN T B，LI J Y，DENG F，et al. Understanding new media literacy：an explorative theoretical framework［J］. Journal of educational technology and society，2013，16（4）：160–170.

型（见图 3.1），并对测量工具模型进行了信度与效度的考量[①]。该能力框架对于新媒介环境下素养进行分类与结构，具有较强的可操作性，能较为清晰地描绘出网络素养技能的掌握情况。测量的具体指标如下。

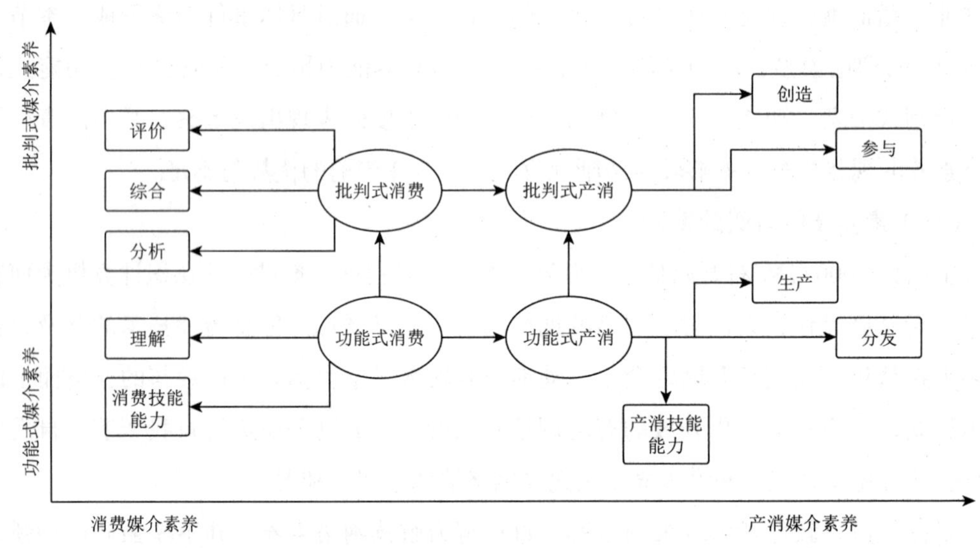

图 3.1　NML 理论模型（Lee，Chen，Li and Lin，2015）

1. 功能式消费：①功能式消费能力，即具备消费信息技术与使用信息媒体的能力；②理解能力，即理解文本内容与意义的能力。

2. 批判式消费：①分析能力，即能够识读嵌入内容的价值内涵；②综合能力，即能够对不同信息进行对比；③评价能力，即能够对媒介信息内容与真实度进行质疑与批判。

3. 功能式产消：①功能式产消能力，即具备媒介信息生产与消费的技术手段；②分发能力，即进行信息发布的能力；③生产能力，即复制或混合媒介内容再加工的能力。

4. 批判式产消：①参与能力，即在新的媒介环境中具有交互式与批判式参与的能力；②创造能力，即基于批判性视角进行媒体内容创作的能力。

笔者基于该模型的四个维度、10 项能力的标准设计调查问卷，以小见大地观察我国青少年的网络素养现状，试图了解：（1）我国青少年的网络素养技能的情况；（2）影响青少年网络素养技能的因素。

---

① LEE L，CHEN D T，LI J Y，et al. Understanding new media literacy：the development of a measuring instrument［J］. Computers and education，2015，85：84–93.

（二）调查情况

1. 研究设计与取样

问卷内容由个人基础情况与能力认知两部分客观题组成。个人基础情况共 10 题，包括性别、年龄、受教育程度、上网时长、是否接触过网络素养相关课程等；能力认知部分共 31 题，基于李克特量表（Likert Scale）对能力进行 5 级分级，受访者对于自身网络素养能力情况进行评估，其中 1 分代表能力最低，5 分代表能力最高。

在此项调研中，笔者采用自填式（self-report）调查问卷的形式，于 2019 年 10 月随机选取了 2 所高中与 3 所高校，共 700 人次进行调查。收回有效问卷 686 份，回收率达 98%。其中男性 364 人，女性 322 人；高中学生 286 人，高校学生 400 人（见表 3.1）。大学及以上学生中有 284 人为本科生，116 人为研究生。高中生通过教师线下发放问卷填写并回收；大学及以上学生则采用线上与线下方式相结合完成问卷的发放与回收。所有受访者身份信息皆做保密处理。（如表 3.1）

表 3.1　被访者人口统计学特征

受教育程度	人数	百分比
高中	286	41.7%
大学及以上	400	58.3%
性别	**人数**	**百分比**
男性	364	53.1%
女性	322	46.9%

2. 网络素养能力情况与分析

消费能力与产消能力是用户进行媒介消费与生产环节所需要的技术能力的集合。表 3.2 为受访高中生与大学及以上学生在 NML 理论框架四个维度中的具体分数分布。参与调查的学生在基础的媒介消费自我评价方面给出了较高的分数，体现了他们具有较好的网络素养，在信息的接受、解读与比较方面有较高的水平；而青少年在产消维度的得分相对于消费维度略低，且标准差较大，个体产消能力并不均衡。他们更习惯于在信息充裕的媒介环境中获得信息，而非主动地进行信息的创作与生产。

表 3.2 NML 框架下素养能力

受教育程度		功能式消费	批判式消费	功能式产消	批判式产消
高中	平均值	3.88	3.51	3.45	3.09
	标准差	0.58	0.62	0.87	0.92
大学及以上	平均值	4.19	3.92	3.84	3.44
	标准差	0.45	0.53	0.72	0.88

3. 网络素养能力与关联因素

通过描述性的数据结果，我们可以探讨素养能力与一些因素是否存在关联，如性别、受教育程度、上网时长、是否接触过媒介素养相关课程等。

（1）性别

从表 3.3 的数据可知，男性与女性在 4 个维度中，二者得分均值相近，且各项维度比分并无始终领先者，不具有显著差异。因此，性别因素与当代青少年的网络素养能力并无直接关联。

表 3.3 网络素养能力与性别

性别		功能式消费	批判式消费	功能式产消	批判式产消
男性	平均值	3.74	3.62	3.44	3.25
	标准差	0.88	0.81	0.90	0.84
女性	平均值	3.80	3.67	3.39	3.28
	标准差	0.75	0.84	0.83	0.91

（2）受教育程度

表 3.4 的数据显示学生的网络素养能力与受教育程度有直接关系。进入高校后，学生的网络素养能力有着发展式的提高，他们更为独立自主地使用媒体，且拥有更充裕的时间在课堂之外获取信息、建构知识。研究生相较于本科生，其得分趋近平稳，素养能力不再有显著提升。

表 3.4 网络素养能力与受教育程度

受教育程度		功能式消费	批判式消费	功能式产消	批判式产消
高中	平均值	3.88	3.51	3.45	3.09
	标准差	0.76	0.84	0.87	0.92

续表

受教育程度		功能式消费	批判式消费	功能式产消	批判式产消
本科生	平均值	4.13	3.88	3.83	3.42
	标准差	0.71	0.74	0.82	0.89
研究生	平均值	4.33	4.01	3.85	3.50
	标准差	0.64	0.78	0.82	0.76

（3）上网时长

学生的上网时长与其网络素养能力同样具有正向的关联。由于高中生与本科生课程目标与课程负担不同，对其上网时长分开统计。六成左右的高中生每周上网时长超过 14 小时，约八成的高校学生每周上网时间超 56 小时（表 3.5）。在进入大学之后，青少年使用网络的时间大幅增加，网络素养能力也在使用中得到提升。

表 3.5　网络素养能力与学生上网时长情况

受教育程度	上网时长	人数
高中	超过 28 小时	36
	21~28 小时	46
	14~21 小时	96
	7~14 小时	70
	7 小时以下	38
大学及以上	超过 84 小时	152
	56~84 小时	178
	28~56 小时	50
	28 小时以下	20

（4）媒介素养相关课程

由于问卷涉及的两所高中均未开设媒介素养相关课程，所以该因素主要针对高校学生。调查所选取的三所高校，均开设了新闻与传播专业，并设置了媒介素养议题的选修课程。参加过相关课程的学生有 168 人，无相关课程经历的学生有 232 人。在高校受访者的自我评估中（表 3.6），参与过媒介素养相关课程的人群，在四个维度中都具有较高的得分。

表 3.6　网络素养能力与媒介素养课程经历

参与媒介素养课程经历		功能式消费	批判式消费	功能式产消	批判式产消
有	平均值	4.39	4.17	4.08	3.76
	标准差	0.33	0.42	0.58	0.56
无	平均值	4.05	3.74	3.67	3.21
	标准差	0.68	0.77	0.72	0.88

（三）描述统计小结与讨论

通过对抽样数据的描述统计，可以以点带面地发现当代中国青少年网络素养的能力情况。首先，在基础的网络技术掌握与操作方面，即功能式信息的消费与生产，青少年均有着较高的水平。对于新的媒介信息，能较快地进行学习并掌握，不因技术门槛而受限，体现了“数字原住民”一代在“数字流畅度”（digital fluency）与“数字悟性”（digital savvy）方面的优异性。

其次，性别因素在青少年网络素养能力方面并未形成显著性差异。国际研究认为“数字性别鸿沟”是新时代技术平权的重要议题，关注男女性别差异在信息获取、技术掌握等方面的日常实践，认为新兴数字的涌现与发展，将会进一步拉大“性别数字鸿沟”。数据反映出现阶段我国青少年在网络素养方面对性别差异的弥合，打破了传统刻板印象与性别偏见，消除男性主导（male dominant）的技术迷思。

最后，网络素养能力随青少年教育水平的提升而提升。网络素养能力的学习是长期性的。在进入高校学习之前，青少年的媒介使用多受到家长与学校的管控，自主支配时间较短。上网时长、媒介素养课程与素养能力的关联，都可以反映出青少年正确世界观、人生观、价值观的养成，知识的习得与媒介使用经验的增加，对于素养能力的提升起到积极作用。因此应开设网络素养相关课程以增强青少年素养能力，对其进行引导、干预、支持。

尽管青少年网络素养呈现出较高的水平，然而从数据中也可以发现，青少年网络媒介信息批判能力相对不足。青少年应当更具批判性思维，了解网络媒体的社会、文化、技术、情感等方面的特征，积极参与到新的媒介平台，并生产原创的媒介内容，以传达他们自己的社会文化价值。网络素养的批判性维度作为一种防御盾牌，保护年轻人免受错误信息的影响，使他们具备必要的技能去更好地探索复杂的新媒体环境，特别是规避错误信息的网络传播可能产生的负面影响。

詹金斯于 21 世纪初期对青少年作为社会文化参与者所提出的包括技能、知识、伦理等方面的能力要求与期待，依然是适用的。新媒体带来的是积极参与的融合文化，呼吁青少年能够熟练掌握新媒体技术与媒介生产能力，并在消费中进行合理质疑。在面对新媒体环境时能够通过评估与分析形成自己的观点，更为有效地参与到网络空间中，是新时代网络社会的要求。

二、生命历程：青少年网络素养经验与习得

信息技术引爆的时代革命，改变了人们的生活方式与交往行为。以青少年为主体的互联网用户移居网络空间。善用媒介信息与数字技术，能够帮助青少年成长为批判的思考者、有力的参与者和积极的数字公民。

诸多调查研究认为个人因素（如教育背景、社会经济地位、接触互联网时间等）、家庭因素（如家庭收入、家长受教育程度等）、学校因素（如课程开设情况、教师媒介素养等）共同对网民的媒介素养产生影响。然而，量化研究方法并不适用于对现象背后复杂的动因与情态的探索。美国学者塞特（Seiter）在计算机中介传播（computer-mediated communication）研究中就提出了“一个人对计算机的爱好发展自他的学校经历、与计算机的接触，以及朋友和亲戚的社会关系……随着时间产生的，涉及正规和非正规学习，所以它要求定性的、纵向跟踪的研究方法，并且包含的主题一定程度上要能够反映个人经历”。[①] 相似地，互联网信息技术的使用与偏好也随着个体媒介使用经验的增加，在日常生活实践中产生更为丰富的意义。

媒介技术在生命个体中扮演着不同的角色。透过同时期青少年相似的社会化历程与生命经验，产生“共同感知”（We-sense），串联作为社会事件与集体记忆的互联网，对他们在认知、学习、近用、批判、参与等层次的网络素养培育产生作用，体现互联网与社会的互动与互构。

为了探寻中国青少年网络素养认知维度的深层动能，勾勒青少年网络素养经验养成的路径，笔者从生命史的研究视角，选取了“80后”“90后”与“00后”群体进行研究。“80后”群体的成长是由“数字移民”向“数字原住民”的过渡，他们在即将步入成年时接触互联网，完整地见证了互联网与数字技术在中国的快速腾飞，记忆犹新；“90后”群体在少年时期接触互联网，以孩童好奇的目光探索新的媒介，对于一切新事物都抱有巨大的热情，互联网是个体成长中独特的媒介符号与青春记忆；“00后”群体

① 塞特．儿童与互联网：计算机教学的行动研究［M］．北京：教育科学出版社，2007.

对于互联网是习以为常的，他们自小就浸润在互联网环境中，形塑出独属于他们这一代人的交往方式与融合文化。在访谈过程中，研究者侧重以演进的视角，了解受访者的生命故事，如何开始接触与采纳互联网技术，并通过驯化技术深入其中，开展丰富的在线活动，“展现普通人技术经验的多样性和丰富内容”[①]，构建网络素养。图 3.2 为本节的研究框架。

本研究采用目的式抽样与滚雪球抽样的方式，对 21 位青少年进行生命史访谈。其中“80 后”“90 后”各 8 人，“00 后”5 人；男性 11 人，女性 10 人；学生 14 人，非学生 7 人。年纪最大者为 1983 年出生，年纪最小者为 2000 年出生。从访谈资料中得知，受访者成长经历中的媒介经验对于网络素养的认知具有深刻的影响。

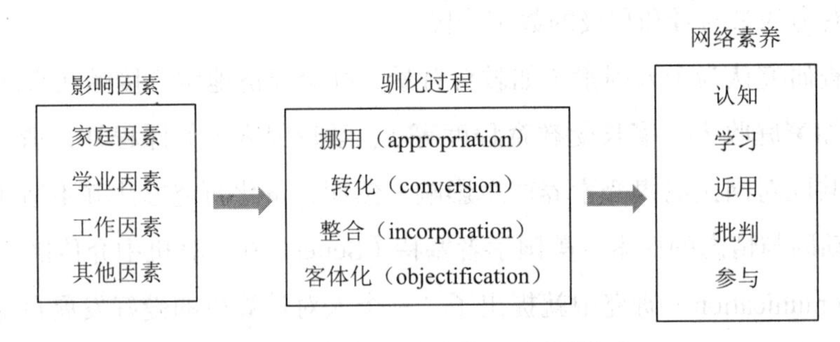

图 3.2 媒介驯化与素养经验获得框架

（一）驯化：网络空间的进入

驯化（domestication）的概念起源于人类学研究以及媒介消费研究，用以思考信息传播技术如何在不同的语境中为用户所体验。20 世纪 80 年代，驯化理论的提出超越了使用与满足理论[②]。驯化理论不追问新的信息传播技术带来了什么，而是关注在媒介消费的语境中，个体与个体、个体与媒介之间所产生的社会性互动所建构的意义，以及在生活中所发挥的作用，认为“消费者使用科技的种种方式也是创造”[③]。区别于“温和”的信息技术的采纳与接受，驯化理论不仅是与陌生技术的互动，而且有一种对潜藏在人类血脉中驯服野生天性的感觉。特别是新技术出现在社会视野中时，嗅觉敏锐的研究者捕捉到人们正对其逐一驯化。从早期的电话、有线电视，到后来的计算机设备、智能手机，技术为人所用，作为一种“文化的物质与物质文化”（Material of culture and material culture），在日常生活中寻得一席之地，并发挥其独特的作用。近年

---

① 吴世文，杨国斌．“我是网民”：网络自传、生命故事与互联网历史［J］．国际新界，2019，41（9）：35-59.

② SILVERSTONE R. Domesticating domestication：reflections on the life of a concept［C］//In Berker，Thomas，Hartmann，Maren，Punie，Yves and Ward，Katie J（eds.）. Domestication of media and technology. UK：Open University Press，2006：229-248.

③ 王淑美．驯化 IM：即时通讯中的揭露，协商与创造［J］．中华传播学刊，2014（25）：161-192.

来，随着网络传播工具的日益多元与普及，学者又将驯化理论的实证研究范围扩大至技术软件应用[①]；该理论最初使用的“家庭”场景，也随着技术突破不断延展至媒介环境，构成“新驯化理论”（new-domestication theory）[②]。

驯化理论注重技术与个体协商的过程。在动态的媒介活动中，诸多因素如媒介呈现、市场营销、消费偏好等，使得技术驯化不断发展。技术的历史与个体生命史相互交织与构建，生命阶段的动态变化，以及接入技术的时间会直接或间接地影响技术使用的情况。

在经过想象（imagination）与商品化（commodification）的预先驯化阶段后，驯化的过程中转向挪用、转化、客体化、整合四个阶段。挪用是认识技术与使用技术的过程，彰显着对技术的所有权，如应用程序的下载安装；转化关注信息传播技术作为身份的标签，将“个体—个体”与“个体—媒介”关系置入社会关系，在公私领域间流动；客体化指的是信息传播技术在物质的、社会的、文化的、意义的社会环境中，考察与他者在空间维度的相对关系；整合是将新技术纳入现有生活方式的尝试，“设法维持既有的生活结构，同时确保对结构的掌控”[③]。

1. 挪用：互联网初始记忆

互联网发展至今已经进入了较为成熟与稳定的阶段，融入中国广大互联网用户，特别是青少年群体的日常生活之中，成为“家养之物”。在访谈过程中，研究者请受访者回忆了初次听说互联网时的感觉，以及当下对互联网的态度。对于互联网技术的现状，受访者认为是“习以为常的”“生活必需的”。他们将不断涌现的5G技术、人工智能技术、虚拟现实技术视为现有技术的升级。

对于“00后”来说，互联网的普遍存在是理所当然的。计算机设备如同电视与电话，在一般家庭的家电组合里以及学校课堂中，是一种日常的工具。在耳濡目染中，掌握基础的操作，无意识地开启了自己的媒介使用与媒介信息交换旅程。

“很小的时候家里就有电脑了。小学，我就跟着我妈在网上看台湾偶像剧。”（LN00M-3）

“那时候我们特别流行玩《摩尔庄园》，我记得有一次我在学校门口扫地，一小姑娘进校门儿第一句话，‘摩尔庄园着火啦’。那周的主题就是森林大火，有什么任务吧

① MATASSI M，BOCZKOWSKI P J，Mitchelstein E. Domesticating whatsApp：family，friends，work and study in everyday communication［J］. New media and society，2019，21（10）：2183–2200.

② LING R. Taken for grantedness：the embedding of mobile communication into society［M］. Cambridge：MIT Press，2012.

③ 王淑美. 驯化 IM：即时通讯中的揭露，协商与创造［J］. 中华传播学刊，2014（25）：161–192.

啦吧啦的。”（XBH00M–3）

“90 后”则是以一种新奇和学习的眼光看待互联网，在此契机下与家长、同伴共同探索。从硬件到软件，试图摸索如何“组装”与“连接”以帮助他们登录虚拟的世界，进入“聊天室”或登录 QQ。“拨号上网”“局域网”等新名词被添加到个人的知识存储中。同时，互联网的接入也成为家庭经济资本的象征。

“我爸的单位那会儿有组织一个培训班，培训大家计算机技能，比如 office 软件，还有网络的东西。那个时候我第一次知道互联网。后来家里也接了网，每次上网都特别麻烦，得先把电话线拔了，再接‘猫’。我大一在宿舍接外网也还是要接‘猫’接网线的，再过一两年步骤就不那么复杂了。”（CCN92M–3）

“班上同学好像都有吧，因为我们那会儿特别流行‘江湖’，大家都在里面，可以加好友，可以当同城聊天室，就是一个小社区，我 QQ 里还有当时加的大神呢。”（CJW90F–3）

部分“80 后”是到了高校才第一次接触到互联网，成为互联网最早一批的使用者。互联网向他们展示的是一个比现实更多元、比电视媒体更有趣的世界。无论是门户网站，抑或 BBS 论坛，都是他们的青春王国，是早期技术采纳者的集体狂欢。

“互联网是当时最时尚的事儿，我们觉得不上网的人都是土鳖。那会儿还组团去网吧呢，就跟小时候去游戏厅一样，不过我们可是合法合规的……去网吧，打游戏呗，上上论坛，挂 QQ 聊聊天儿。”（WSS83F–3）

2. 转化：社群关系的联结

创造互联网的初衷便是实现信息跨越全球的流通，在共享中实现意义的生产与文明的对话。因此，互联网技术是连接公共领域与私人领域的桥梁，它将个体带入更广泛的社会关系中。无论是社交软件即时动态的发布，用户名、头像的更新，还是群组信息的收发，都会被记录为数字档案存储，将用户引入公共领域的讨论。互联网转化为个人自我认同的平台。令受访者们感受最深的是群聊中的身份。用户使用群聊的目的各不相同，或是主动地与三五好友就共同话题闲谈，或是因为工作关系进入诸多分组，创造在线的集体感，转化为认同的平台。

仍在校的“90 后”与“00 后”社会关系较简单，群组虚拟关系中以熟人社交为主，是对既有关系主义的网络化再现。而对于步入职场的“80 后”与“90 后”，沟通面向更为广泛，群组成为弱关系的连接网络，他们在“局部性的社群里有多重身份”[①]。

① 卡斯特．网络社会的崛起［M］．夏铸九，等译．北京：社会科学文献出版社，2003.

“每天有读不完的群消息，点不完的红点儿。家人群、亲戚群、朋友群、同学群、同事群、客户群、领导群、家长群，还没法儿不加。”（LZS86M–3）

3. 客体化：自我展演的技巧

客体化是互联网空间性的体现，试图描述人们在怎样的空间中使用技术，与自己产生关联，建构技术与环境的关系。互联网的使用空间是共性的，随着上网工具的转变从室内转向户外，无所不在，形成伴随化的常态；然而屏幕内的网络空间则是独特且独立的。网络空间仿照现实不断更迭，是象征性与物质性的。用户对于网络中自己的用户名、化身以及自我形象的个性化构建，使得他们的网络空间独一无二。

腾讯 QQ 是 3 个年龄段受访者均提及的即时通信软件。在“80 后”口中，他们以“QQ 号越短越好，越早越好，是身份的象征”来标榜自己作为时代的弄潮儿的身份；在“90 后”口中，“QQ 秀、QQ 会员、开通各种钻、用火星文”是他们个性化展演的开端；在“00 后”口中，“同学群都是 QQ 群，但是助教（‘90 后’）一般都建微信群”，“扩列、暖说说”等新的语言惯例成为这一代人的交流暗号。青少年在网络空间中通过自我的呈现与表达，展示自己的兴趣爱好、生活近况等，构建独特的私人领域，在代际的流动中显示出了共同性与特殊性。而这背后所潜藏的，是青少年未能发现的经济资本与文化资本的作用。

“平台不同，各家主打的也不同。一开始都是假人的 QQ 秀，之后就是真人的图片、视频，我们就跟着潮流去 po 帖。”（LMZ96M–3）

4. 整合：日常生活的在线 / 隐身

驯化理论的整合过程是指媒介技术在时间维度的嵌入。互联网融入日常生活的节奏（rhythm）与惯例（routine）之中，呈现出连贯性的使用特性。除了手机与电脑，可穿戴设备也逐渐承担起信息接收的任务，用于填补用户的时间碎片。

日常在线是“00 后”使用互联网的常态。他们热衷于信息的分享与交换，在信息流动中寻求安全感。“即便是在浴室，我也会带着手机进去，擦干手，第一时间回复信息。”（CAJ00F–3）对于自己使用互联网的时长与频率，他们难以给出准确的数字，但可以肯定的是，每一天的开始与结束，都以信息中互道的早晚安作为标识。

“90 后”却表现出了有选择地“下线”。除了自主与熟人发起对话，他们偶尔会“假装没有看见信息，故意过一阵再回复”（DYL90F–3），以摆脱长时间联网的沉溺感。有些人将断网作为“新时代的养生方式”（CHH95M–3），珍惜不被“手机振动或铃声打断”的连续时间。LMZ96M–3 还自嘲“小时候总想上网，现在梦想成真了呢（微笑脸）”。

"80后"也维持着长期"在线"的状态，但相较于"00后"，他们是"被迫营业"的。他们的生活为互联网所驱动。上到厅堂，下到厨房，互联网帮助他们提高效率的同时，也占用了他们更多的时间。即使是休闲娱乐时间，"也就是刷抖音、看网剧、看网文、玩网游"（HZH84M-3）。

在不断驯化互联网技术的过程中，青少年取得了传播过程的主导权，并在互联网技术搭建的网络空间中寻求自我的呈现与认同，与他人建立关系的纽带联结。现实生活中的改变也投射到青少年网络空间中的实践中。青少年对互联网的意义建构因此产生了动态性，在日常生活中不断地协商与调试，将互联网调整为更适合自身的方式，发展出多样的网络使用技巧。

（二）素养习得与"重要节点"

在对互联网的驯化过程中，网络空间成为日常生活的有机组成部分，成为青少年获取日常经验的新场景。通过日常的使用，以及"这种使用对日常生活的形塑"①，勾连私人领域与公共空间，实现社会和文化意义。在流动的互联网文化中，用户自主的、丰富的体验往往与生活事件或者生命阶段联系在一起。

1. 第一次接触互联网

青少年首次接触互联网技术，开启了对互联网的认知。他们首先了解硬件设备与软件程序，在鼠标的点击与键盘的敲打中进行第一次的操作。如同学习语言一般，青少年在电子设备与互联网搭建的"语言环境"中，为"数字化生存"而开始认知网络设备与应用。从他人引导到自行探索，熟能生巧。在多模态的互联网中习得互联网的"语法"，理解媒介信息，通过积累形成自身的素养。相似地，伴随互联网成长的一代，在媒介识读方面也更为提前。

"对技术、对工具的探索就好像是人的本能，不断地延续。比如（我）刚接触的时候，得把每一个选项卡都点一遍，好奇里面都是什么内容，看看点了以后会有什么反应。后来看我家宝宝，刚上幼儿园那会儿，我拿iPad逗他玩儿，就跟他说你点这个，点那个，给他放动画片。我有事出去一下再回来就看见他自个儿在那儿戳着玩。（笑）后来还会问妈妈'我不想看这个了，怎么弄呀？'"（JYF84F-3）

2. 青春期：自我的成长

（1）上网自主的追求

成长至青春期，青少年已熟练掌握了互联网的使用方法，并游刃有余地穿梭在网

① 潘忠党."玩转我的iPhone，搞掂我的世界！"——探讨新传媒技术应用中的"中介化"和"驯化"[J].苏州大学学报（哲学社会科学版），2014，35（4）：153-162.

络空间中。青春期是网络社会属性形成的关键时期。《2019 年全国未成年人互联网使用情况研究报告》显示，中学阶段，家长与学校对于青少年的上网管控更加严格。这主要有两个原因：第一，我国中学生面临巨大的升学压力，过度使用网络可能对个人成绩造成影响；第二，大众媒介对于“网瘾”“网游”的负面呈现，令校方与家庭不得不防范潜在的威胁。

“高中的时候我去县城上学，住学校宿舍，所以家里给我配了个手机。诺基亚 5800、全触屏的那款。那会儿算挺好的，可以上网，看小说和玩游戏都没问题。但是那会儿自制力差，老熬夜玩，成绩下降就被家里给没收了。”（QY92M–3）

“我今年带的初二年级。我们（老师）嘛，就只能管你不要在学校玩手机，不要被我们抓到。你说不让带也不可能，现在的父母都给买。只有期末的时候，我们会跟家长说，盯紧点，最好这段时间把同学的手机都收起来，不要给他们用，专心学习。”（ZJ91M–3）

在家长与学校的双重管控下，青少年通过不同形式的“抗争”，争取自主上网的机会。不乏受访者曾选择“偷偷去网吧”，投入虚拟世界以逃避现实的压力；也有受访者借学习名义上网，“查资料是真的，偷玩也是真的，所以都要记得删除浏览记录”（LJF90F–3）；受访者 GY87F–1 用“见缝插针”来形容中学时期每天的上网行为，“中午 12 点下课，12:05 教室的电脑会断网，就卡那五分钟把更新的小说页面加载出来，然后离线看，看完才去吃饭”。

开设计算机相关课程是学校赋予青少年互联网使用合规性的方式。让青少年学生更为深入地学习计算机技术，如初级编程语言，启发青少年的深度兴趣进行知识开拓。校方的正向引导也会帮助青少年更为理性地看待互联网，避免网络成瘾。

“我们每周三下午会开放电子阅览室，算自习吧。可以看看资料，也可以联机玩游戏。老师就是强调健康上网。我觉得这样挺好的，毕竟堵不如疏嘛。”（YYF88F–3）

（2）自我呈现的启蒙

社交平台的出现为青少年建构了虚拟的社交场景，让青少年将自我投射到网络空间中，通过角色化身、昵称、头像、状态、日志、背景等来表达日常的心情与生活，利用网络符号在互联网舞台中进行自我展演。

受访者 ZJ91M–3 回忆起高中时期使用 QQ 空间，记录着自己每天的心情，呈现出“文艺少年”的特征。“就是少年不识愁滋味，为赋新词强说愁。每天有点儿什么事情就写下来，现在看还挺羞耻的，哈哈哈哈。”除了自我内心的揭露，ZJ91M–3 还希望通过发布更多的内容引起他人的注意，由此引发新的话题。

CCN92F-3认为自己擅长用视觉来表达自我，对于各类软件都学习得非常早。“初中的时候玩QQ秀，我要搭配出最好看的，有什么新的、好看的都会买下。到高中QQ秀不流行了，我就开始发照片、发视频。都是在网上自学的，下载光影魔术手还有会声会影，还没有到Photoshop和Premiere那么高级。”CCN92F-3的数字创作技能迅速为他在QQ空间以及班级内积攒了大量“人气”。在体验到文化资本向社会资本的转化与提升之后，CCN92F-3对于媒介技术也越发感兴趣，在高考后选择了传媒相关的专业。

3. 大学：全面拥抱

在中学教育阶段，青少年常被告知大学是人生的重要转折点。在大多数受访者的记忆中，大学也是互联网使用的一个重要的节点。互联网开始正式进入青少年的日常生活。

大学阶段，青少年完全掌握了互联网的自主权。一方面，青少年的互联网使用不再受到父母与老师的管控。青少年得以自主支配上网时间，这意味着他们“进入了新的人生阶段，具有‘成人礼’的仪式性质”[①]。另一方面，青少年在进入大学后，拥有了属于自己的上网设备，如笔记本电脑与可上网的移动电话，能够更为深度地与互联网进行互动。

这种深度的互动也偶尔失控，转变为过度的参与。特别是初入大学时，“疯狂地打游戏”“刷夜看电视剧”等行为时有发生。青少年以“补偿”的心态，彻底地释放自己。

“到了大学以后，室友给我推荐了一部电视剧。我记得是《猎人》。周末宿舍不断电，有一次室友都不在，我就一个人津津有味地看了一夜。感觉自己开始得太晚，网上的许多东西我原来都没有接触过，都得补回来。”（YYY85M-3）

4. 特殊事件

除了个体成长轨迹，生命中的特殊事件，也深刻影响了受访者成年后的网络使用行为与策略。受负面经历的影响，个体将会更为“谨慎”“多疑”，注重网络安全与网络隐私的保护。

“小时候没有觉得密码特别重要，输入密码也没有遮挡，还美滋滋地跟别人分享我的密码是怎么组合的，觉得特棒，反正大家都很单纯。然后有一天，家里来亲戚了，那会儿就是小孩儿一块儿上网呗。没想到人家就记住了。他回去过了一个礼拜吧，我的QQ就登不上了。那个年代也没有密码保护，就找不回来了。我只能重新搞一个新

① 吴世文，杨国斌．“我是网民”：网络自传、生命故事与互联网历史［J］．国际新闻界，2019，41（9）：35-59.

号。后来才阴差阳错地知道是他改的，他当时看上我的 QQ 号了。”（GSB85F–3）

社会重大事件也对青少年的信息获取与批判行为具有影响。例如，灾难报道时，青少年面对铺天盖地的网络报道也表现出了疑惑。他们为碎片化、情绪化的互联网信息所牵引，有时难以辨别信息的真假。网络素养的习得需要个体逐渐累积。

“以前总是嫌弃爸爸妈妈的养生推送，说他们不辨其假。但其实自己也是，有时候看到好几个群都在传的事情（公众号信息），就觉得是真的，需要专业的朋友出来辟谣。”（CYL00M–3）

互联网的发展伴随着青少年网民个体的成长。“80 后”“90 后”“00 后”三个不同世代与互联网相关的生命故事，反映出互联网全方位地渗透在青少年的日常生活中。这些鲜活的经验呈现了青少年所处的社会文化环境，解释了他们如何获得网络素养能力，也帮助青少年在回忆中形成理解自我、理解文化、理解社会的基础，更好地认识自身的网络素养能力水平。同时，群体经验也揭示了代际获得网络素养能力的差异性与共通性，折射出技术变迁与转向的过程。

在受访者的记忆中，网络素养的习得多发生在自身的网络实践活动与意义建构的过程中。面对互联网技术给青少年带来的困难与挑战，青少年选择结合个体经验与网络搜索来应对，因为他们不知道向谁寻求针对性的帮助与指导。在他们的叙述中，学校只是提供了基础的信息技术与软件应用的基础认知，而未对筛选能力、批判能力、思辨能力等网络素养的核心能力展开教育。

面对生长在智能化时代的新生代，家长与老师也较自己的上一代具有更高的网络素养水平，应当填补过往网络素养在家庭教育及学校教育中的缺失。在青少年网络素养教育的进程中，从青少年个人成长的视角出发，除了帮助他们解决常态问题，更要着眼新情况的出现，依托网络空间中青少年的日常经验与文化创新，审视技术的迷思，最终构建全面、多元的网络素养教育体系，提升青少年网络素养。

第四章　学习：泛在知识网络与个体习得

认知维度强调作为人生基础技能的被动学习，而学习维度则强调具有在互联网信息的洋流中主动搜寻信息的能力。课堂学习已经不再是青少年学习的唯一方式。互联网信息所搭建的泛在的、多元的、智能的知识空间，赋予了青少年可持续的信息获取能力。网络素养采用“开源”方法，邀请所有互联网用户为知识发展做出贡献并从他人的贡献中受益。

学习维度是认知维度的进阶。如果说认知维度是让用户懂得“可以做什么”，那么学习维度就是让他们知晓“我要做什么”，是对合理使用媒介的能力的掌握。青少年持续增强的使用动能与自我效能，让他们与互联网文化更为紧密地联系在一起。商业资本力量也对学习维度的形成产生了影响。知识的付费与垄断，打破了具有开放、平等特征的互联网知识生态，改变了青少年获取知识的具体方式，形成新的学习格局。

青少年在“精心设计”的网络中开展学习活动，获取知识、共享知识、创造知识，在参与中促使知识自然流动。在学习的过程中，青少年的主体性与社会性得到充分彰显。作为媒介化行为的工具，信息平台允许青少年获取知识的行为超越物理的边界，不只通过网页的简单浏览获得知识。知识的获取不因为登出平台而停止。知识的习得与获取是指“通过增加社区实现目标的可能性，达成超越个人贡献和更广泛的文化努力的总和，实现社区价值观念的产生和持续增强”①。知识型社会中的人们越来越依赖网络空间，以支持其专业领域的创新和生产性工作。一方面，社会溢出的信息将以“表演”形式传达给受众；另一方面，青少年通过移动互联网来补充知识获取的路径。各式各样开放的知识建构网络环境，为学习者提供了与整个文明的知识创造联系的创新方式。

近两年，受新冠肺炎疫情的影响，课堂教学与网络学习的边界更加模糊，全球师

① SCARDAMALIA M，BEREITER C. Knowledge building environments：extending the limits of the possible in education and knowledge work [J] . Encyclopedia of distributed learning，2003：269–272.

生开启了“网课之旅”。然而，在这个过程中也暴露了“所有教育利益攸关方提供的实用数字素养培训不足”[①]。学生被迫接受的、无法摆脱的“网课”阶段遇到的最大挑战是“在线教育的适应问题”“技术和互联网问题”以及“数据隐私和安全”[②]。教育部在此契机下发布《教师数字素养》行业标准，在明确教师数字素养内涵，促进教学升级的同时，也能使教师更好地成为学生在该领域的引路人。

本章内容将聚焦在技术的发展对于泛在知识网络建立、增强乃至形成网络社会纽带所产生的影响，着重关注搜索引擎、问答社区与知识付费平台等网络社群，探讨媒介化技术如何作用在更广泛的青少年日常学习实践中，以及所产生的新影响。在此项研究中，笔者主要采用焦点小组与深度访谈的方式。其中焦点小组通过方便式取样，选取了在北京学习、工作，具有大学本科及以上学历或在读的青少年共 16 名；之后又招募了 5 名中学生进行半结构式访谈，以研究其在线学习动机、行为、习惯是否存在差异。焦点小组与深度访谈内容主要包括信息获取使用习惯、在线搜索行为、信息辨别、同侪学习等。

一、在线搜索与信息习得

通过读书、看报来获取信息的时代已经过去，媒介的变迁引发了学习方式的变革。传统的知识学习是知识单向维度流动、单一内容传递的过程，学习方式、学习媒介、学习环境等都服从于课程需要。而新兴的学习与教育活动，赋能多元文化的社会群体，提供了可持续的信息获取动力。在富媒体、富资源、富工具的网络环境中延伸出的多元数字化学习信息平台，如大型开放式网络课程（简称慕课，MOOC）、知识问答平台、虚拟课堂、搜索引擎等，反哺了传统教学的方式，增强学习者能动性与自治性。“移动化、泛在化、互动性、前沿性的学习情境，对于学习者学习、分享等行为具有极大的促进作用”[③]。

网络技术的发展与移动设备的流行为开发在线的知识学习方式提供了多种可能。互联网突破了信息知识传播通道的有限性，推动了隐性 / 显性知识形态的转化与流通，

① UDEOGALANYA V. Aligning digital literacy and student academic success：lessons learned from COVID-19 pandemic［J］. The business and management review，2021，12（1）：275-284.

② ALMAHASEES Z，MOHSEN K，AMIN M O. Faculty's and students' perceptions of online learning during COVID-19［C］// Frontiers in education. Frontiers Media SA，2021，6.

③ 杜智涛 . 网络“微学习”参与者行为的影响因素——基于结构方程模型的实证分析［J］. 情报杂志，2017，36（1）：173-181，200.

激发了知识生产主体的能量，在更为开放的环境中联结真实世界，促进知识生态系统的优化。人际网络在技术网络的支持下，创建知识网络，产出知识的价值[①]。知识技术与知识交互在自上而下流动中，建构了个性化、多样化、智能化的环境，最终形成泛在的知识网络。泛在知识网络整合了“通信、信息、团队、计算、协同与文化等要素”[②]，成为网络空间中不可缺少的基础设施与基础建构。

其中，网络搜索引擎的发明，让用户能够主动调取存放于网络空间的数字化内容，因时因势获得自己需要的信息。同时，用户个体也成为隐性的信息来源，网络搜索引擎建构了“人类意图数据库”，收集个人兴趣与行为习惯，并运用于市场调研、广告投放等领域。

（一）初筛：搜索生态

1994 年雅虎创立后，利用关键词查询相关信息的网络搜索引擎正式问世。潜在的查询信息词库，是用户模糊的初识查询信息与具体主题之间的桥梁。基于用户键入的部分查询内容，搜索引擎根据其他用户先前搜索过的内容自动匹配，生成查询建议。在个人知识、社会知识、网络知识的深度融合中，搜索引擎向纵深发展，“最终成为直接面向人类社会关系的核心特征”[③]。

搜索系统代表了一种潜在的强大学习技术，可以通过对多元化、个性化在线内容的访问来支持和增强人类学习[④]。过往的研究通常关注“学习如何搜索”和“搜索作为学习”，信息的搜索被列为新时代网络素养的重要能力。对于不满意的搜索结果，学生们倾向毫无保留地接受，而不是去重新评估或者修订；抑或过度评价自身的搜索技能，认为信息的搜寻是常人可及。

对于中国青少年，网络搜索引擎是他们查询信息的首选工具。在青少年用户的成长过程中，搜索引擎也在进行智能化的学习与升级，通过收集个体的兴趣偏好、使用习惯、关注领域等，体现搜索引擎的高度适配性与开放性。在搜索技术、主体、权力的流动中，青少年获得知识资本，维护其社会文化的社会稳定性。

搜索引擎赋予了青少年知悉天下的能力，并成为一种日常习惯。“百度一下”一度成为街头巷尾的流行语。搜索引擎仿佛拥有万能的魔力，来填补青少年知识的空白。

---

① PÓR G，MOLLOY J. Nurturing systemic wisdom through knowledge ecology［J］. The systems thinker，2000，11（8）：1–5.

② 杨帆，肖希明. 从资源网络到知识网络——Web2.0 泛在知识环境下数字信息服务基础建构［J］. 图书情报工作，2007，51（8）：72–75，83.

③ 吴祐昕，顺风. 网络搜索引擎的发展趋势分析［J］. 当代传播，2007（3）：73–74.

④ RIEH S Y，COLLINS-THOMPSON K，HANSEN P，et al. Towards searching as a learning process：a review of current perspectives and future directions［J］. Journal of information science，2016，42（1）：19–34.

新闻、音乐、游戏、电影，搜索引擎根据需求将用户送达终点。然而，随着搜索引擎商业化的运营，青少年用户越发难以在网络搜索中找到准确的信息。搜索引擎常被用来搜索工作、学习所需的资料，或是查询医疗、法律等专业信息等事实性的知识，而无法承担起更为深度的学习功能。

“搜索界面太乱。有很多广告、营销号我得跳过，那些信息都是无用的。”（SY98M–4）

“之前莆田系的事情（发生后）我就开始对搜索引擎搜索出来的信息打问号，特别是健康医疗信息。”（GSB00F–4）

“本来就是为了节省时间，希望能立刻获得自己想要的内容，结果有时候一个搜索页面能有半页广告。”（ZHS99M–4）

青少年网络使用的碎片化、即时性充分体现在信息搜索的过程中。受访者表示，日常使用搜索功能往往只是抱着简单的目的，希望通过最简捷的方式获得信息。在搜索具有普遍性、无利益性的内容时，青少年依然会使用搜索引擎；但在获取其他用途的知识时，呈现出精细化、垂直化、专业化的搜索趋势。长期领跑搜索服务大类的网页搜索服务发展后继乏力。

碎片化的网络使用使得青少年常常只聚焦在某个具体领域，具有较为明确的使用目的与使用需求。不断出现的媒介产品也着力于垂直深耕，开辟更具分众化的领域满足中国互联网用户日益多元、深入的兴趣圈层。电影、音乐、饮食、美妆、地图等，都已有先锋应用抢占市场高地。

近两年，移动短视频又为知识生态增添了新的动能。移动短视频已成为中国当代青少年主要接触与使用的信息传播形态，青少年也成为移动短视频使用、分享、共创的生力军。爆发式增长的移动短视频通过视觉化呈现、细节化放大，让知识的学习与创造具有可见性，渗透到各类媒介渠道中，构建了“新百科全书”式的媒介环境，是“野性思维”（la pensée sauvage）与“非正式学习”（informal learning）互动的产物①。移动视频的时长、叙事方式、获取效率、传播速度迎合移动互联网用户的使用习惯，通过更具贴近性的方式赋予个体接触知识的能力，越发成为日常生活场景的伴随品，囊括众包科学知识、人文艺术、传统文化等博雅内容，更加强了泛在学习的可能。

面临泛在、多元、普惠的知识生态与信息搜索平台，青少年表现出极强的使用能力与信心。他们将网页搜索引擎改造为专业场景，将垂直精准的信息平台视为圈层信

① 胡正荣 . 众创：智能时代的知识分享平台建设［N］. 综艺报，2019–05–10.

息入口，将移动短视频于日常生活中随身“携带”，在信息搜索生态中驾轻就熟、有针对性地寻得信息。青少年不再盲目跟从搜索结果，而是更加理性地看待。他们将搜索当作学习的工具，用来查找需要的信息，进一步达成学习的目标。

（二）再筛：信息条目

信息搜索生态的变化，增加青少年泛在学习的可能性之余，也为青少年带来了新的挑战。青少年除了需要选择适合的信息搜索平台进行搜索，还要从搜索引擎所提供的丰富的信息中寻找到所需要的答案，通过更深层次的筛选，避免信息过载与信息焦虑造成的困扰。

1. 信息过载

信息过载（Information overload）的概念在前互联网时代便已诞生，托夫勒（Toffler）在书中将其描述为“由于存在过多信息而导致一个人在理解一个问题和做出决定时可能会遇到的困难”[①]。信息过载有两个主要特征：信息冗余以及筛选不足。信息冗余意味着信息体量与存储空间的不匹配，意味着用户需要接收过多的信息；而当信息冗余成为用户使用负担时，就需要个人对信息进行筛选，否则将使冗余总量更大，过载程度更深。在现有的网络环境中，搜索引擎提供的信息已不再限于满足用户直接获取信息的需求，在给出既定内容时，会提出相关的问题，需要用户就此信息再次筛选，找到合适的入口，并能够多次筛选以摆脱广告等信息的“噪声”。

信息传播技术的进步促成了更丰富且复杂的信息环境，特别是计算机技术与互联网的诞生使得我们的日常生活更加以信息为导向，多样的媒介传输渠道为信息的流通与增量提供了可能性。尽管已开发的工具能够更好地帮助用户抓取、整理、检索、发布信息，但是信息过载的现象仍然屡见不鲜，甚至越发严重。特别是随着移动时代的到来，无数资讯借助信息高速公路跨界而来，又借助算法优先“开挂”抢占“C 位”，通过内容与形态的再创新，提高信息的可见性与易得性。移动信息转瞬即逝的特性又进一步倒逼信息生产者采取“标题党”、过度夸张等手段争取用户。看似包罗万象，纷繁多彩的信息，实则远远超过了用户的信息负载。信息体量不断膨胀，信息质量良莠不齐，信息处理时间不足，迫使用户被动接收无效信息。

“大量而无序的信息，不但不是资源，而是灾难”[②]。技术的赋权与信息乌托邦的想象，使得个人触及的信息远远超过自身能够处理的最大阈值。从信息匮乏到信息过载，互联网用户耗费更多时间进行信息的鉴别、处理、消化，影响用户的生产力与使用效

① TOFFLER A. Future shock［M］. Bantam：Bantam Books，1970.

② 刘二灿 . 网络环境下信息资源的整序［J］. 情报科学，2001（9）：942-945.

率。在寻得合适的搜索系统后，青少年面临海量信息的狂轰滥炸，需要在有限的时间内完成信息处理工作。网络素养的学习是帮助青少年理解信息、筛选信息的重要工具，帮助青少年在适当的来源中识别需求信息，并根据自身的需求评估信息的价值。缺乏网络素养将使青少年面临无法准确挑选有效信息的情况，会使青少年产生无力感。在谈及筛选信息能力时，许多受访者用皱眉、叹气等肢体语言表达，不如谈及搜索平台那般具有自信。

“有时候看简介觉得有用，点进去完全不是那么一回事儿。”（ZHS99M–4）

青少年进行信息判读时，依然保留着传统媒介时代的习惯，依赖具有把关功能的媒介、组织、政府。对于上网目的较为单纯、上网时间较为有限的中学生而言，信息的分类、分级能帮助他们更快捷地触及所需要的知识。然而新媒体时代对“把关人”造成了严重的冲击，使把关人角色弱化。自媒体与商业媒体生产编辑采用“先发布后过滤”的策略，又反向将更多的无效信息，甚至虚假信息传递给用户，加重信息过载。个性化推荐或协同过滤技术在一定程度上起到了把关作用。基于用户（群）兴趣，综合他们对某一信息的评价，形成用户对信息偏好程度的预测①。

“我觉得个人的能力比较有限，其实谁也知道不造谣、不信谣、不传谣。以前，当一个谣言摆在我面前，我也只是凭着第一反应，下意识地转发。但是现在好点儿，现在是下意识地不转发，不敢转发，怕出错了被骂。”（LYG90M–4）

对于那些无法辨别的信息，青少年倾向于不做评论与分享。过往研究曾对用户参与评论的影响因素进行梳理，包括教育情况、市场服务、小组合作等。在访谈中，受访者提及的信息感知能力与表现都和他们自身的综合知识水平、自我效能感等因素有关。网络空间中信息发布的主体过多，青少年意识到虚假信息、错误信息的普遍存在，深受其扰却无计可施。

“已经麻（木）了，太多反转了，就吃瓜吧。”（ZJ93M–4）

在一些特殊社会情境中，例如，公共卫生事件爆发后，失真信息或错误信息使人们容易错误地解读信息，影响个体的决策，造成“信息疫情”（infordemic）的蔓延。因此，青少年会主动选择信息规避，打造信息闭环，避免将无法判断的信息通过微信、微博等社交平台进行二次传播，消弭由此引发的负面影响。但长此以往将不利于青少年信息筛选能力的提高，并形成对媒介信息的高度个性化，导致过滤气泡的形成。

---

① 蔡骐，李玲．信息过载时代的新媒介素养［J］．现代传播（中国传媒大学学报），2013，35（9）：120–124.

2. 信息焦虑

信息过载让青少年面临“选择的悖论”（paradox of choice）。伴随信息过载出现的是对情境的失控感，淹没在信息的洋流中，不知从何入手。当获得的信息无法转化为所需的知识，便成为习得的阻碍。这种情况又被称为认知过载（cognitive overload）。青少年在极端情况下，可能会因为过多的精神刺激，而产生持续压力、注意力缺陷、缺乏耐心等负面心理①。

沃曼（Wurman）用信息焦虑来描述因为无法访问、理解或利用信息而引发压力的情况。“信息焦虑是数据与知识之间的黑洞。当信息不告诉我们那些我们想知道的内容时，便会发生这种情况”②。过去当人们步入图书馆，面对林立的书架时会感到信息搜索的无力与迷茫；相似地，当人们面对信息更为庞杂的知识网络时，对信息环境缺乏了解也必然会产生信息焦虑情绪。

受访对象对于自身信息焦虑的意识并不强烈，但是在对自身的使用行为进行反思后，会察觉到存在信息焦虑并频繁发生。信息焦虑主要出现于特定的情景：（1）无法通过有效路径获取信息；（2）过量信息的高度同质化。

心理学研究认为现代生活中的多种选择都会引起焦虑。二者皆是因网络空间中可选择路径过多而出现的，它们令用户无从下手，产生相应的沮丧和焦虑情绪。日常生活中的媒介使用会不经意地将人带入模糊的语意世界。

“下载的时候最明显吧。有些是假链接……以前特别怕点错，会中毒。万一杀毒软件清不掉就完蛋了……现在就是快、准、狠地找到正确的下载路径。”（WHY98M-4）

在新媒介环境的“磨炼”中，受访者通过自身探索寻找到有效路径来解决信息焦虑问题。青少年经过自我调节（self-regulation），通过“思维、情绪与行为的自我计划和循环调节”③，减少信息焦虑带来的负面能量。他们有意识地将信息的搜索作为学习的对象，对信息搜寻进行评价、反馈，并在此过程中主动接受互联网呈现给他们的各类信息，认识到有必要发挥自己的能动性以达成目标，重视意义的建构，在自我调节的过程中获得更强的学习信心与自我责任感。在获得足够的有效信息后，会有一种自我满足感。满足并不是完美的方法，而是通过寻找替代方法或解决方案来满足个人期望

---

① BAWDEN D, ROBINSON L. The dark side of information：overload, anxiety and other paradoxes and pathologies [J]. Journal of information science，2009，35（2）：180-191.

② WURMAN. Information anxiety [M]. London：Que，2001.

③ 黎坚，庞博，张博，等. 自我调节：从基本理论到应用研究 [J]. 北京师范大学学报（社会科学版），2011（6）：5-13.

的过程[①]，将信息焦虑转化为转瞬而逝的情绪。

二、知识问答与同侪学习

知识问答社区是在开放、互动的网络空间中逐渐兴起的社会媒介化的平台，为个体的知识流动与知识互动提供了便利条件，满足用户的多元信息获取需求，是继搜索引擎之后又一全民性的学习平台与渠道。知识问答社区内的知识共享实践不是用户个体可以独自完成的，而是要求不同知识主体间通过提问与回答，互相学习。用户关系的建立往往依托于兴趣话题，以及在社区内开展相关活动，话题的参与者之间形成相对稳定的同侪关系，形成学习维度的重要推力。

（一）知识问答社区的兴起

自 Web2.0 开始，互联网向平台发展，开发出了博客（Blog）、信息聚合（RSS）、社交网络服务（SNS）等应用，创造关联性与社会性。知识传播的内容与形式随着开发者的想象力延伸，基于特定兴趣爱好或主题的圈层得以形成与聚拢，知识信息有效地传输与分享，促成互联网交互环境的开放。专业化、分众化、社会化的网络知识问答社区逐渐崛起，打破了传统的青少年社会交往的规范。网络知识问答社区除了鼓励家长与教师作为青少年媒介环境监视者的加入，还拥抱了作为共同参与者的其他用户。青少年知道如何进行与他人合作的学习，并就学习的收获与他人进行分享与讨论。

社会文化学中关于学习的研究显示，青少年大部分知识与能力的获得是通过非正式教学的场景[②]。作为日常生活与社会活动的衍生产物，校外的学习让他们更好地获得知识、技能与素养。这是因为青少年同侪学习的社会性、社交性与娱乐性是家长与教师无法提供的。青少年在网络空间中汲取经验，在社交、交往与娱乐中获取知识。数字阅读、网络生产、社交网络等推动知识生产、获取与传播方式的转变。以知乎、百度知道为代表的新兴在线知识问答与社交的虚拟平台，善于挖掘青少年需求，同时鼓励信息的原创性。青少年在这一新的社会仪式中探索社会生活的新方式，在区别于课堂、讲座的社群中发展信息技术与技能，在网络空间中公众化、公开化地表露社会状态与个人兴趣，使得同侪交流与协商更加具体与可见。

借助社交媒体平台特性建立的知识平台，对于个体学习有促进作用。青少年能够

---

① SIMON H A. Designing organizations for an information-rich world［J］. International library of critical writings in economics，1996，70：187-202.

② HULL G，SCHULTZ K. Introduction：negotiating the boundaries between school and non-school literacies［C］. In school's out：bridging out-of-school literacies with classroom practice，2002：1-10.

在知识平台中发展更高层次的思维技能，如进行决策与解决问题的能力，以及交流与协作能力。网络空间作为传播环境在社会使用中呈现激增趋势。社交媒体通过对话和交互使得开源交换信息成为可能，与传统学习产生联系与共鸣，刺激学习行为更加活跃，知识成为一种表演（performance）。

知识是固有的经验与专业知识，在习得后扎根于个体中。个体间的互动是知识分享与使用的重要场景。当个体进入更为广阔的社交空间中，在社群成员之间进行社会互动，完成个人知识向公共信息的转换。社会资本，即"行动者为参与行动所访问和使用的嵌入社会网络中的资源"[①]，影响社群内的知识学习，为整合知识提供了新动能。

（二）同侪学习的动能

基于同侪学习的网络共享社区对于知识的流动、汇聚和整合起到了正向作用，借由大数据等信息技术手段，将人脑的隐性知识转化为网络的显性知识，并在问题与答案的堆叠中，形成了自身的知识生态系统。相较于直接通过搜索引擎获取信息，受访者认为知识问答平台更为"生动"与"亲民"。在共同使用中，青少年无意识地构建了知识问答平台生态网络的潜在规则，形成知识网络自组织的新动能，为观察这些非正式的社会学习提供了更广泛的背景。

有学者关注网络问答社区的知识流动过程，认为"知识个体、知识种群以及知识群落"共同构成网络知识主体[②]，构成知识生态系统的内部推力。但知识主体又受到知识生态环境与行为过程的影响。对于加入知识问答社区进行学习维度的提升，受访者认为信任、社区规范、社区归属是三个影响自我调节与学习的重要因素。

1. 信任

信任是个体对所处社会媒介环境所产生的心理反应，是"个体对于另一方会尊重和保护所有参与者或经济交易各方利益的一种信心"[③]。信任也是社会关系网络中的重要因子，聚合社会网络中的成员成为共同体。青少年使用知识问答社区的基础即是出于人与人之间的相互信任。信任促进了信息的使用与交换，并进一步促进信息量的增加。尽管知识问答社区仍存在答案质量良莠不齐、问题回答不及时、用户参与不够活跃等问题，但用户仍倾向于肯定所获得知识的可用性与可信度。

"知乎上面的回答质量还是比较高的。要么是有专业知识背景的人有针对性地回答问题，要么就是说得特别在理，获得大多数人的认可会被置顶，所以我是比较放心

① LIN N. Social capital：a theory of social structure and action［M］. Cambridge：Cambridge university press，2002.
② 楚林，王忠义，夏立新. 网络问答社区的知识生态系统研究［J］. 图书情报工作，2016，60（14）：47–55.
③ HOSMER L T. Trust：the connecting link between organizational theory and philosophical ethics［J］. Academy of management review，1995，20（2）：379–403.

的。”（LWW97F–4）

受访者表达了对知识共享社区的高度信任。信任要素强化知识网络的共享动机，强化了高质量知识的价值。基于知识获取的主动需要，从源头上避免信息的滥用与误用，匹配公开、公正的互联网精神，在传播者与接收者身份的转换中，实现知识惠普。一方面，知识的接收者节省自身用于内容思考与甄别的时间与精力，提升信息资源的使用效率与分配效能，鼓励知识的交互与协作；另一方面，知识的发布者出于对知识生态系统内其他个体与群落的信任，提供知识交换动能，提升自我价值。

2. 社区规范

除了用户间的相互信任，社会惯例也对社会构成起着重要的作用。网络知识问答平台是一个独立的社区，是社会构成的缩影。与社会惯例相对应的是社区规范。社区规范是共享的价值观念与行为准则，为知识共享社区行动者的行为与态度定调。社区规范不仅维护了用户在其中所享有的权利，也对其提出了要求，要求社区成员相互负责、互惠互利，共同构建清朗、和谐、健康的网络知识社区。同时也使知识生产与知识共享溢出，促进网络知识社区的繁荣合作。

“使用知乎的人似乎也都比较有素质？可能不太准确，但是相较于其他平台的‘乱喷’现象，我倾向于认为这里是思想与价值观的交锋。所有平台都强调要文明、和谐，但是真正做到的可能还是知识交流的地方。这样我们也才能比较信任这个平台。”（SY98M–4）

社区规范是开发者与使用者协商后的产物，增强社区成员发布与获取知识的能力，支持异质观点的碰撞与辩论，抑制论战引发的伤害，鼓励冒险和容忍错误，寻求最佳的解决方案。用户在共同社区规范下发生联结，相互启发。健康健全的社会规范构建良好的知识生态，间接影响用户知识生产与知识共享的意愿。

此外，互惠规范也发生在知识交换的环节。互惠规范指社会公认的交易规则，当一方提供资源给另一方时，后者有义务做出回报①，以确保支持性交换的持续。有受访者表达了互惠的必要性，“现在都鄙视吃白食和伸手党，看个 B 站还要一键三连呢”，认为这种激励机制是推动长期知识生产与分享的利好环境，可以进一步提升创作者对社区的认同感与归属感。

3. 社区归属

知识问答社区的交互性与共享性，使得青少年用户在知识共享平台上可以构建个

① WU J B，HOM P W，TETRICK L E，et al. The norm of reciprocity：scale development and validation in the Chinese context［J］. Management and organization review，2006，2（3）：377–402.

人好友圈、话题兴趣圈、平台环境圈，由小及大地建立或强或弱的社交关系，以更为社会化、组织化、结构化的方式，增强用户的凝聚力、浸润感与认同感，形成社区的归属感。归属感能够使青少年用户更为积极地在社区中完成信息的交流与经验的分享，加强用户与用户、用户与知识间的联系。

“看到有人有与自己相似的观点或者经历，就会觉得特别的亲切。想穿到屏幕的那一头去认识一下那个人，相信我们能成为很好的朋友。”（LWW97F–4）

“我也是其中的一员。在这里回答问题，或者浏览别人的答案，有时候是为了获得新知识，有时候是为了观点的补充。关注一个话题的人都属于同类，所以都会是respect 的态度。”（WP99F–4）

学习维度的能力在知识问答社区中表现为知识互动的能力。“在旧知识的基础上获取和改变知识”[①]，经过集体的知识交流，青少年用户或填补信息空白，或积累社会资本，或建立社会关系，最终达成尊重需求与自我实现需求，促进持续的、双向的学习。

受访者对于知识共享社区中共同圈层与所处环境的认同，形成强烈的社会吸引力，并转化为增强对其他成员的信任与对社区规范的适应，形成知识的共同体，自觉维护群体利益。在个性化的表达与情感共鸣中，用户将更有动力进行高质量的知识分享与有效传播，提升成员之间信息交换的数量和有效性，构建服务型知识网络社会。

三、知识付费与知识垄断

知识付费是经济资本与技术资本合作的产物。搜索引擎与知识问答提供的是免费的信息，而知识付费则是将知识作为服务，最大化其商业价值。知识付费成为知识传播与学习的新范式，能够帮助用户获取“低频度的使用的、跨界度高的、精粹度高的、高场景度的”[②] 内容和知识。青少年倾向于用知识付费的模式代替盲目的信息搜索，从而节约信息筛选的时间成本。知识付费也反映了青少年的学习维度向垂直化与宽泛化转型，更加清楚自己的需求。同时，青少年意识到由知识付费引发的潜在威胁。

（一）知识付费模式崛起

建立于知识的生产、加工、传播与应用的基础之上，新的经济形势与资本形势，即知识经济与知识资本，成为新时代社会的主导力量。伴随媒介发展与媒介掌控，“知

① FERRARA E, YANG Z. Measuring emotional contagion in social media [EB/OL]. (2015-11-06) [2020-01-03]. https://journals.plos.org/plosone/article?id=10.1371/journal.pone.0142390.

② 喻国明，郭超凯. 线上知识付费：主要类型、形态架构与发展模式 [J]. 编辑学刊，2017 (5)：8-13.

识（智力）资源的占有、配置、生产、分配、使用（消费）”[①]成为重要因素，知识的“共有性”与“非排他性”推动社会与经济变革，促成泛在知识社会的形成。

知识付费模式是知识共享与认知盈余的必然产物，是互联网技术延伸应用的实践样态。相较于免费、公开的信息共享模式，付费模式预筛出有价值、高质量的信息，缩短用户信息筛选的时间，有助于提升学习能力。作为一种新的“学习模式、商业模式和信息传播模式”[②]，知识付费激发了有偿信息与知识保护的意识，促使知识生产者与消费者的互动。杜智涛与徐敬宏基于实证研究对用户在线知识付费行为的动因进行分析，认为在由商家所建构出来的知识消费场景中，“知识内容的专业性、有趣性感知和主观规范等体验因素”[③]驱动用户进行购买决策，与一般数字购买行为无较大差别。用户日益接受开放知识平台，由过去的免费、公开转变为工业化、专业化的知识生产机制，认可垂直化、个性化、细分化的知识服务产业。

互联网信息的全方位覆盖让用户得以查找、收集并归档所需要的知识，提供青少年“盈余知识、经验与时间”[④]。在网民的集体生产与交换中，信息资源日益丰富。尚未过滤的信息需要用户进行信息初筛（搜索渠道选择）与再筛（信息判别过滤），从而避免信息过载与知识污染。青少年缩减时间成本的需求，匹配了移动互联网传播速度快、更新周期短、信息碎片化的特性。

“我会付费的内容都是我个人觉得很有用、感兴趣的。比如，我很关注减肥话题，网上关于减脂的运动、饮食、各种减肥法到处都是。我自己是每看到一个就试一个，也不知道对不对，耗时间、耗身体。现在会比较有针对性地看专业的内容。而且可以保存起来，一直都在云端。”（WP99F-4）

受访者不愿将有限的精力投入无限的知识信息中。通过付费获取专业性、权威性的知识来满足个体需求，缓解“新中产阶级的焦虑”[⑤]。他们希望获得“个性化的内容”“一对一的指导”“满满的干货”，将经济资本转化为知识盈余，消除错误信息风险，将付费作为自身信息甄别能力的补充。

---

① MACHLUP F. The production and distribution of knowledge in the United States［M］. New Jersey：Princeton University Press，1962.

② 苏涛，彭兰 . 反思与展望：赛博格时代的传播图景——2018 年新媒体研究综述［J］. 国际新闻界，2019，41（1）：41–57.

③ 杜智涛，徐敬宏 . 从需求到体验：用户在线知识付费行为的影响因素［J］. 新闻与传播研究，2018，25（10）：18–39，126.

④ 张利洁，张艳彬 . 从免费惯性到付费变现——数字环境下知识传播模式的变化研究［J］. 编辑之友，2017（12）：50–53.

⑤ 丁晓蔚，王雪莹，高淑萍 . 知识付费：概念涵义、兴盛原因和现实危机［J］. 当代传播，2018（2）：29–32.

（二）知识垄断的威胁

知识的复杂性与知识垄断相关。在知识的传播过程中，媒介信息传播的权力为特殊阶级掌控与使用，知识资本持有者对知识的利用促使知识垄断形成。尽管伊尼斯（Innis）并没有明确定义“知识垄断”（monopoly of knowledge）的概念，但是他认为机械化对知识领域的垄断负有责任。所有新兴媒介形式的大众化发展必然消除原有的知识垄断格局，却又为新的权力阶级所用，形成巩固新权威的垄断。知识垄断具有多种来源，如人员专业程度、媒介材料把控、信息获取速度等。

知识垄断普遍存在于知识网络中。知识网络的头部平台成为中心化权威，获得更多的流量与可见度，占据绝对优势，把控着信息的可见性与传播渠道。在市场的竞争中，作为“权力的系统”[①]，涵盖更普遍的知识权力和统治体系。资源的集中成为维系与延展其权力的手段，以鄙视链为代表的层级结构（hierarchical structure）出现。鄙视链上层代表权力与统治（power and governance），下层代表劣势与附庸（weakness and dependencies）[②]。知识生产与意义生产又回归少数人，打破原有知识网络生态平衡。这种阶层关系也映射了福柯的权力观：权力并不表现在个人身上，而是表现在他们所占据的位置以及话语为这些位置提供有效性的方式上。

青少年的付费习惯已逐渐养成，个体需求、信息质量、个体认知、感知价值、主观规范、用户体验社会资本等因素推动了用户在线付费行为与意愿。随之而来的却是知识垄断以互联网为载体的复杂权力关系展现。知识垄断导致网络社会权力的不平衡。

“付费模式越来越常态化，我们也都（开始）逐渐接受（这种模式）。但和互联网的本质是不是相悖了？不是所有人都能获得全部信息。”（ZJ91M–4）

泛在知识网络中，持有知识资本的青少年仿佛历史上掌握媒介特权的王族与僧侣，利用知识资本服务新的权力结构，“形成了有利于一定社会阶级的知识和权力的集中和垄断”[③]，鼓励权力集中化的姿态，造成社会成员极化，更使多数人因为知识付费而被拒之门外。收入水平、知识水平、地域条件等因素影响人们对于信息资源的获取[④]。掌握更先进知识的青少年能够决定获取何种信息、如何获得信息。长此以往，青少年之间的知识鸿沟与数字鸿沟将进一步扩大，引发处于边缘地位青少年身份的焦虑、自我的消解、学习能力的退化及知识差距的加大。

---

① Innis H A. The bias of communication［M］. Toronto：University of Toronto Press，2008.

② Gaventa J，Cornwall A. Challenging the boundaries of the possible：participation，knowledge and power［J］. IDS bulletin，2006，37（6）：122–128.

③ 陈卫星 . 麦克卢汉的传播思想［J］. 新闻与传播研究，1997（4）：31–37，92.

④ 徐敬宏，程雪梅，胡世明 . 知识付费发展现状、问题与趋势［J］. 编辑之友，2018（5）：13–16.

信息传播技术的发展是一把“双刃剑”。一方面，搜索引擎效能提升以及商业资本的裹挟使得搜索结果远超个体需求，用户不得不面临信息过载与认知过载等问题，妨碍对信息的涉入；另一方面，信息传播技术又提供了多元的平台，如知识问答、知识付费等，加强信息的流动性，帮助用户进行信息的再筛选，完成信息的识别、定位与检索工作。

诚然，对于青少年用户而言，每天都有更新的信息被加入现有的知识体系中。但是只要青少年提升网络素养学习维度的能力，能够控制自身所处的信息环境，特别是信息收集与检索的过程，就能避免被信息洪流吞没。整体而言，青少年在应用网络素养学习维度的能力时表现得较为轻松，并不认为自己在互联网使用中负担过重。他们能够较快地剔除信息中的垃圾。致使他们学习行为产生差异，是知识网络中产生的知识鸿沟。这也是媒介环境与社会环境带来的无法避免的问题。在个体掌握信息搜寻、同侪学习、知识付费等学习维度的能力后，需要从更宏观的层面来消除知识垄断带来的负面效应，全面提升青少年在网络素养学习维度的能力。例如，商业机构与政府部门合力推出优质内容奖励机制，降低知识付费成本；教育倡导培养青少年的多元兴趣，加强跨学科、跨领域的交流合作；将知识生产整合至社会文化的蓝图中，社会集体的知识分享加快了更为便捷的数字化融入，增强数字赋权与数字学习，弥合知识的鸿沟。

第五章　近用：数字旅居、技术接受与文化适应

使用维度，是指个体通过接近、使用媒体，从而进行在线的展演，具有两个层次的内涵。首先，区别于媒体使用的概念，近用并不预设用户具备接入媒介的能力。近用是一个动态的过程，而非一次性的行为。接入媒介的技术条件不断更新、升级、拓展，以及政治、经济、文化环境的变动，都将带动网络素养在近用维度的持续发展。这也意味着经济资本、社会资本与象征性资本所引起的知识、传播与参与方面的不平等现象将继续存在，存在引发社会排斥的可能。其次，在线的展演体现了互联网的交互特性，反映媒介化与社会化的程度。青少年在网络空间的近用，是对认知与学习的直接反馈，是批判与参与的发展基础，是承上启下的重要一环。在线展演中所发展的是功能式的媒介使用与消费，尚未体现批判性的思维。个体展演在社交媒体时代发挥出了多元化的交互形式，在不同社会文化语境的框架下，通过不断协商，产生新的社会意义。

青少年被认为是能在第一时间接受并熟练使用新技术的群体，在近用维度的素养能力较强，能较快地采纳新的观念与实践。然而，当跳出刻板认知，不预设个体具有接入媒介能力时，青少年群体内部也显现出了对于新技术、新媒介的惶恐与抗拒。2018 年 8 月，笔者赴美国马萨诸塞州访学一年，深入美国高校了解美国文化的同时，结识了许多远离故乡的留学生、交换生、访问学者，成为“旅居者”群体的一员。笔者在交流与观察中发现，当环境改变，经历初期的“文化休克”后，他们对于存在的文化壁垒持有不同的态度——或将自身置于壁垒之外，或主动进行多元文化融合——而这些都表现在对新社交媒介的采纳与使用上，对于新媒介的接入与使用也呈现出不同的态度与自我革新能力。

本章研究聚焦于作为旅居者的在美中国留学生与访学人员，通过在美国的田野调查，再现留学生社交媒体的采纳与使用情况，探讨在跨文化传播环境中，青少年旅居者数字媒介使用能力与技术接受、文化适应之间的关系。在美期间，笔者通过目的性

抽样方式，与18人次进行了面对面访谈，其中女性10人、男性8人，平均访谈时长为60分钟。受访者主要由高校在读本科生、在读硕士生、访问学者组成，年龄在17~36岁，他们中有初到美国者，有在美国学习生活数载者，在中国的生活经历均为10年或以上，具有相同的民族文化（national culture）与社会文化（societal culture），对陌生的美国文化处于认知与理解阶段。

一、跨文化的数字旅居者

世界政治结构、经济格局与文化图景的变革推动全球化的浪潮，新的信息传播技术改写媒介生态环境的结构与格局，加速空间边界的瓦解，增强文化间的交流与碰撞。美国作为超级大国，其文化产品一定程度上反映着西方文化的扩张与“普世价值”的渗透，而中国在“西化”挑战下葆有优秀传统文化与时代文化，求同存异。二者在意识形态、文化传统、价值观念等方面并不相同。网络空间同样不是一个文化中立的媒介形式，而是充满文化标记，具有特定国家或地区的本土属性。然而，文化差异在用户使用行为的研究中常常被忽视。理论研究往往集中在技术差异上，如媒体的丰富性（richness）。尼尔森（Nelson）与克拉克（Clark）将技术描述为一种“文化上嵌入的，载有价值的活动”[①]，强调技术使用，如社交媒体使用，具有很高的文化成分。文化属性差异对社交媒体用户使用的态度、动机、需求、回应等层面有着巨大影响。文化在全球性与地域性的异质特征，也影响着人们对媒介技术的接受程度[②]。

（一）身体旅居：跨国流动与身份认同

“旅居者”（so journer）的概念是芝加哥学派的重要产物，主要在移民与种族等相关问题中凸显。萧振鹏于20世纪50年代首先提出“旅居者”概念并对其做了详细描述，认为他们是“在另一国家度过多年却未被同化的陌生人”[③]，如殖民者、外交官、国际留学生、国际旅行者等。在全球化语境中，作为“旅居者”的流动人群成为全球跨文化流动的中坚力量。

跨国的身体位移在新旧社会文化的挟持中，旅居者有自己的文化圈层与娱乐方式，

---

① NELSON K G，CLARK JR T D. Cross-cultural issues in information systems research：a research program［J］. Journal of global information management（JGIM），1994，2（4）：19-29.

② TARHINI A，HONE K，LIU X. A cross - cultural examination of the impact of social，organisational and individual factors on educational technology acceptance between British and Lebanese university students［J］. British journal of educational technology，2015，46（4）：739-755.

③ SIU PC. The sojourner［J］. American journal of sociology，1952，58（1）：34-44.

较难被完全同化。此外，旅居者具有强烈的流动性与暂时性，这也是其区别于一般移民群体的最主要特点。旅居者并非永久生活在迁入地，随时有可能返回迁出地，形成沙拉式的同化。因此，旅居者在面对新的文化时，需要不断进行文化适应来解决分裂自我的冲突以及可能产生的心理压力。高立慧与李洪波将旅居者的特征归纳为："具有低水平同化特征，但同时又具备高水平的互动能力；抱有临时逗留心态，可以改变自己的文化，但是不会改变自己的种族属性；既是相互独立的个体，又因共享的文化符号而凝聚成特有的文化群体；旅居目的地达到6个月以上，带着特定的工作或目的，具有长期的目的地体验动机。"①

留学生作为旅居者中一个特殊的群体被学界关注。为了取得学业上的成就，国际留学生需要在语言上与心理上做好文化适应的准备。在美生活的青少年留学生群体，不仅是异国文化的"边缘人""陌生人"，更是"旅居者"，他们的逗留时间并不确定，在面临文化冲击时有不同的表现，但是因中华文化而更容易聚集形成团体。

美国国际教育研究院的统计显示，2018—2019学年美国高校国际学生入学率达历史高位，共有逾百万国际学生在美国高校就读。在过去的五年里，中国一直是在美国际学生的第一大来源国，中国学生约占所有国际学生总量的三分之一②，并保持逐年增长的态势。由于中美之间于意识形态、经济体制、文化价值等诸多方面存在差异，留学生群体想要快速适应在美生活绝非易事。

所有跨文化的个体在开拓新生活并逐步与新环境建立联系时，都面临着一些挑战，即跨文化适应的过程。贝利（Berry）认为这是多元文化群体及个体成员接触后发生的文化和心理的双重过程③。他们需要适应新语言环境下不同的"文化习俗与规范"④，融入新的社会，建立新的关系网络；然而在陌生文化环境中，特别是中美社会框架（social framework）偏好的巨大差异中，所呈现的孤立倾向（tendency toward isolation）⑤又将他们拒之门外，增强其感知文化距离（perceived culture distance）。

（二）数字旅居：社交媒体与文化联系

社交媒体已经成为日常生活中提升联结感与依赖感的重要部分，满足心理层面与

① 高立慧，李洪波．旅居者概念辨析与研究综述［J］．资源开发与市场，2020，36（2）：218-224.

② OPENDOORSDATA. Leading places of origin of international students in the United States［EB/OL］.（2023-11-13）［2023-02-14］. https://opendoorsdata.org/data/international-students/leading-places-of-origin/.

③ BERRY J W. Acculturation：living successfully in two cultures［J］. International journal of intercultural relations，2005，29（6）：697-712.

④ YAN K，BERLINER D C. Chinese international students' personal and sociocultural stressors in the United States［J］. Journal of college student development，2013，54（1）：62-84.

⑤ SIU P C. The Chinese laundryman：a study of social isolation［M］. New York：NYU Press，1987.

安全层面的需求。此外，在与他人在线互动方面，人们利用社交媒体获得知识并进行学习，形成对各类事件与话题的不同意见和观点，并展开参与与对话。全球化进程以及媒体融合发展大大压缩了时空，让人们在网络空间中能够更加快速地进行文化的交换以及信息的交流。然而，由于权力距离、个人主义 / 集体主义、男性气质 / 女性气质、不确定性规避、长期取向 / 短期取向等维度[①]的差异，人们在社交媒体上的传播行为以及价值观念也并不完全相同。这也使得旅居者在不同的社交媒体上有着不同的行为偏向。

当身体旅居产生地理空间位移后，为了解决文化冲击带来的压力与分裂自我的冲突，旅居者往往会借用跨文化的媒介，增强自身的文化适应性。在媒介使用与异国文化的研究中，常将大众媒体分为“母族媒体”（home media）与“东道媒体”（host media）。从传统媒体时代到新媒体时代，信息传播技术的发展减少了因长距离通信而形成的时间与空间的障碍，从而维系了母族文化。旅居群体与母族媒体使用越发难以割裂。同时，东道媒体的使用依然在文化适应中起着重要的作用。

当互联网成为文化共享的构成后，学者发现，网络并非中性的媒介，而是带有文化的印记。各国的网络媒体与平台都具有本土的特色和本国文化的特征[②]。文化是特定人群共享价值、道德、文字、口语、习俗与生活方式中体现的特征。基于互联网 Web2.0 的思想和技术基础，用户在网络空间中生成内容（UGC）的创作与交换成为可能。特别是社交媒体兴起后，成为网络空间的主流服务之一。科雷亚（Correa）等将社交媒体定义为一种机制[③]，为用户提供即时消息传递、好友间互动等服务。社交媒体涵盖了用户生成的服务，如社交网站、在线评论 / 评分网站、虚拟游戏世界、视频共享网站和在线社区等，从而使用户可以制作、设计、发布或编辑内容。同时，社交媒体也为青少年提供了相互理解、表达观点、参与对话的机会。

近年来，全球社交媒体的个体使用具有显著增长，社交媒体开发日益繁荣，成为全球青少年日常生活实践的重要组成部分。除了全球大部分地区通用的社交媒体，各国的本土社交媒体也嵌入了当地文化与意识形态。社交媒体成为地方的代表，文化准则从现实社会流动到社交媒体建构的虚拟世界中。社交媒体既是一个技术的产物，也

---

① HOFSTEDE G. Culture’s consequences：comparing values，behaviors，institutions and organizations across nations［M］. London：Sage publications，2001.

② SINGH N，ZHAO H，HU X. Cultural adaptation on the web：a study of American companies’ domestic and Chinese websites［J］. Journal of global information management，2003，11（3）：63–80.

③ CORREA T，HINSLEY A W，DE ZUNIGA HG. Who interacts on the web? the intersection of users’ personality and social media use［J］. Computers in human behavior，2010，26（2）：247–253.

是一个文化的产物。在跨文化的语境中，旅居者通过社交媒体进行信息的发布与流动，探索无限的网络世界，维持自身与母族文化的联系。即便在使用新文化的社交媒体中，青少年也依然保持着母族文化的习惯与特征。例如，在美的东亚留学生更倾向于圈子小、参与密度高的社交媒体[①]。

在美中国留学生使用国内社交媒体的频率极高，具有极强的信任感与依赖性。在访谈过程中，笔者请采访对象对国内社交媒体使用情况进行自我评分，以 1~10 分的分值来代表使用程度。所有受访者都给出了 8 分及以上的结果。在他们眼中，以微信、微博为代表的社交媒体在他们的日常生活、学习、工作中是"必不可少""无法取代""难以抗拒"的存在。特别是到达美国之后，微信的使用与依赖程度更高。

社交媒体同时发挥着调节用户个体初到陌生文化环境时所产生的焦虑感与不确定性的作用[②]，通过提供给留学生熟悉的社会文化符号，缓解他们文化适应的压力，让他们更有"安全感"。母族社交媒体，伴随旅居群体走入异国他乡，通过弥合时空鸿沟，使亲密关系与远距离的友谊之间的联系变得更加轻易、便捷，使旅居的青少年留学生群体能够联系自己的过去与现在。与家庭、邻里、伙伴等"初级群体"[③]的互动，给予他们一种认同感与归属感。同时在"参与型沟通"中，社交媒体成为国际学生旅居时期获取情感能量的重要社会支持形式，为他们平稳完成跨文化过渡提供情感支持。

"旅居者"不仅是生活场景的迁移，更加上了数字化的烙印，为个体身份转换后寻找与展示新的自我，拓展了空间，调节了生活方式与社会关系。"一种新媒介的长处，将导致一种新文明的产生"[④]，社交媒体所构建的基于母族文化的"拟态环境"，与基于东道文化的现实环境相互交叠，强调个体的物质性存在。旅居者在跨文化的网络空间中完成文化的过渡，用跨国主义的心态构建混杂、多维、动态流动的认同。

二、异质的想象：跨文化社交媒体的近用

社交媒体成为一种有效媒介形态，帮助中国留学生快速获取信息，建立社会支持网络。社交媒体已然成为全球化中最为广泛的在线活动，不断促使用户深度参与。青

---

① NA J，KOSINSKI M，STILLWELL D J. When a new tool is introduced in different cultural contexts：individualism–collectivism and social network on Facebook［J］. Journal of cross–cultural psychology，2015，46（3）：355–379.

② 王瀚东，王逊．数字化旅居者——旅居者新媒体使用与文化适应关系之嬗变［J］．新闻与传播评论，2013：163–169，215，227.

③ 安然，陈文超．移动社交媒介对留学生的社会支持研究［J］．新疆师范大学学报（哲学社会科学版），2017，38（1）：131–137.

④ INNIS HA. The bias of communication［M］. Toronto：University of Toronto Press，2008.

少年积极拥抱各种社交媒体平台，约75%的青少年每天使用社交媒体[①]。社交媒体渗透青少年日常生活实践，对社会资本的创立与维护起着积极作用。

学者们对于用户采纳与使用社交媒体等新技术的动力与动机做出了诸多解释。技术创新的首个理论——创新扩散理论（Diffusion of Innovation Theory）于20世纪60年代被提出，将创新技术的采用视为一种社会化的过程，将创新的采用者分为革新者、早期采用者、早期采用人群、晚期采用人群和迟缓者。随后菲什拜因（Fishbein）和阿耶兹（Ajzen）提出合理行动理论（Theory of reasoned action），认为个人的行为是他们的态度和个人规范的结果，其中态度是基于价值观和信念，规范则是基于公认的行事准则。该理论反映技术扩散与采纳行为的意向。戴维斯（Davis）等人提出的技术接受模型（Technology Acceptance Model），讨论了实用技术使用问题，强调感知的有用性与易用性共同影响个体的使用意愿与使用行为。在这些理论与模型中，人口因素如性别、年龄、经验和使用意愿是新技术采纳的重要指标。易用性、忧虑性、外在动机、内在动机和社会压力等都会影响用户接受新技术的程度。总体而言，青少年接受新技术程度较高。

作为“数字原住民”一代，中国当代青少年被认为与互联网一起成长，对于技术具有较强的理解能力与洞察力，熟练掌握信息传播技术并应用在日常生活之中。相较于前辈，他们更加热衷于通过社交媒体的互动同熟人与亲友保持联系。大众对于“数字原住民”“社交媒体达人”的属性达成共识。无论是对内容生产创作的贡献，还是积极与技术保持联结的热情，青少年都强于他们的前辈。然而，在陌生文化环境中，留学生群体对于新社交媒体的接受、适应与使用能力也呈现不同的样态。

（一）主动拥抱者

技术拥抱者热衷于学习与体验不同的社交平台，并通过社交媒体与他人建立联系。在赴美学习之前，有些学生就已经跨越文化的藩篱，在网络间穿梭，感受异域文化带来的别样体验。对技术的攻克与尝试，帮助他们获得内在的满足感与愉悦感。社会成员所感知的创新的复杂性（感知易用性的相对概念），会影响用户对于新技术的采纳[②]。陌生的文化环境与技术环境对这些技术的拥抱者而言并非难以跨越的限制门槛。

许多主动拥抱者更将跨文化适应的开始时间提前。在正式到达海外之前，便开始使用东道国的媒体，开通账号，拓展自己的社交网络，为跨文化适应做准备。

---

① PEW RESEARCH CENTER. Social media use in 2018［R］. Pew Research Center：Internet，Science and Tech，2018.

② ROGERS E M. Diffusion of innovations［M］. New York：Simon and Schuster，2010.

“我在很早的时候就开通了国外的社交媒体账号，虽然国内用的人不多，关注者也不多，但是我会时不时发点东西。主要还是看看不一样的东西。”（LZM98M–3，本科生）

“我会多了解一些信息，比如，历史、流行文化、吃喝玩乐等，还有年轻人的一些表达方式。”

通过新社交媒体的使用，主动拥抱者能够较快地与美国文化产生互动。通过社交媒体上的信息发布、分享、评论、点赞等行为，他们参与到当地的社会生活中，扩大社交圈，摆脱对原有交际圈的依赖。此外，主动拥抱者也更乐于将线上的关联拓展到线下，形成更具活力的交流渠道。

“来这儿之前我其实是在 Facebook 上找的房源，找到我现在的房东兼室友，他也会带我继续认识新的朋友。”

（二）后知后觉者

后知后觉者受到外部因素的影响后，被动地开始使用新社交媒体。外在动机的行为是由于个体认知到某些行动或行为，如认识某人或学习某项能力，对个人学习、工作、生活有用而发起的。当新技术被认为有用时，它们将会被人们采纳[①]。在经历“文化休克”建立社会交往之后，他们开始意识到新的社交媒体的必要性，从而逐渐采纳。

1. 同侪压力驱动的情感联系

在线下的社会互动中，部分人选择开通新的社交媒体账号是因为周围的朋友正在使用。社会和同伴团体对个人行为的预期施加影响。罗杰斯认为采用创新的一大动机是渴望获得社会地位。对于本就处于边缘状态的留学生而言，使用社交媒体融入圈子加入对话，可以帮助他们与他人维系新建立的关系，避免自身继续处于边缘与孤立的状态。

“本来觉得没什么，因为也不会长期待在美国，也就来两年上上课、写写作业。但是待了几个月就觉得不行，还是得有社交软件，不然他们聊什么我都不知道。最开始用 Instagram 是因为国内的朋友推荐，说滤镜很好用就下载了，结果出去玩住青旅遇到的年轻人，大家都说加 Instagram。Snapchat 是和同一个办公室的美国同事熟了以后加上的，平时聊聊天，或者视频。”（LY96F–5，硕士生）

“年轻人都用社交媒体呀，我们在国内也是，只是用的 App 不一样。来美国农村上学本来就挺无聊的，再不融入一下他们，可能要被当成怪咖。”（CMT93M–5，交换生）

---

① IGBARIA M. User acceptance of microcomputer technology：an empirical test［J］. Omega，1993，21（1）：73–90.

通过社交媒体，留学生也能够更快融入本地学生群体。一方面，社交媒体作为信息分享交流的渠道，可以帮助留学生更好地理解异国日常的社会交往；另一方面，社交媒体上专属于特殊圈层的流行用语，如美国俚语与英文缩写，也能整合成为留学生的对话工具，使其更容易了解日常生活的最新话题。

2. 信息获取驱动的媒介处理

部分受访者表示自己开通新的社交媒体是为了获取信息，包括即时新闻、明星动态、社群活动等。社交媒体具有更强的易用性与相关性，可以帮助他们减少通过搜索引擎筛选信息的处理流程。社交媒体成为他们日常生活中的必需品，使他们更为方便地掌握外部世界信息。

"有很多信息是不会直接在 Google 上显示的，比如，校园内的活动或一些活动场馆的通知。Facebook 上就很清晰，一目了然，只要关注了就能看得到，不需要专门去找……我是玩乐队的，所以特别喜欢找一些音乐类的演出。刚来的时候就兴致勃勃地去 Google 上查，结果查出来的都是一些比较大型的剧场，也比较远，对我来说不是很方便。直到后来有小伙伴给我推了 Facebook 上一个学校里的演出信息，我才发现还有这个功能。之后才自己新建了一个账号。"（WHM92M-3，交换生）

尽管后知后觉者并未在第一时间采用新社交媒体，但是在正式接近与使用后，他们认为新旧文化环境中的社交媒体都是必要的。部分留学生还会刻意地关注、接近、使用不同的社交媒体，作为文化间交往的新形式，保持着对母族文化与东道文化的批判与反思。有一些学生开始尝试做跨国的视频博主，在中国与美国的社交平台发布原创的视频内容，更加深度地完成跨文化适应，不断加深近用乃至批判与参与的能力。

（三）技术退缩者

技术退缩者对于新社交媒体的近用能力较弱。出于语言、兴趣圈层等原因，他们认为新的社交媒体"可有可无"，并不将其视为替代手段。有些受访者出现了抗拒、犹豫等情绪。新技术可能会引起新手用户的焦虑，这种焦虑主要发生在短时期的访学人员群体中。他们认为学习使用新的社交媒体是一种"麻烦"，作为一种"不可抗拒的入侵者"[①]，扰乱他们原有的使用习惯。有些人则自嘲"服老"，跟不上技术发展步伐，也就不再去使用。

"没必要，国内微信、微博都用得挺好的，朋友也都在那上头，何必用国外的那些软件。我就来半年，刚熟悉了新的又得走了，所以真没必要。"（BY86F-5，访问学者）

---

① 麦克卢汉．理解媒介——论人的延伸［M］．何道宽，译．南京：译林出版社，2011.

“都是本科生、研究生小朋友在玩吧，我就不瞎掺和了……用了和没用日子照样过，没什么差别。而且本来也没几个熟人。”（RKW84M–5，博士后）

短时期的旅居者在完成工作后将重新回到母族文化中，因此对于他们而言，深度地融入东道文化可能会使他们回国后重新产生文化的偏差。但更重要的是，在这个“尴尬的过渡阶段”（RKW84M–5，博士后）内的孤独感与不确定性，这也是许多国际留学生更倾向于通过社交媒体联系本国亲友的原因。戈麦斯（Gomes）研究中认为亚洲留学生更多将自己认定为“外国人”（foreigners），社交媒体里也多是本国的朋友[①]。也有受访者提到，除了课程与研究需要，他们不太会与本地学生进行过多的联络，且主要通过邮件形式进行正式的交流，极少产生相对亲近的互动。

相较而言，母族的社交媒体为技术退缩者建构了一个安全、温暖的生活空间，不需要完全脱离旧有的关系网络与文化价值，从文化休克与数字冲击中抽离出来，继续从母族媒体中学习社会规范，建立自我认同与文化认同，增强自身的归属感，削弱跨文化适应过程中的压力与不适。

三、“文化混合”下社交媒体与文化适应的互构

“文化混合”（cultural mixing）指在多元文化语境中，不同文化象征于同一时空内共同存在的现象[②]。当同时面临母族文化与东道文化，感知者对于双文化的传统印象增强，发展出特定的认知表现，从而增加了两种文化间的感知距离和边界。20世纪初，格奥尔格·齐美尔（Georg Simmel）提出社会学经典理论“陌生人”（stranger），在此基础上，后人提出“边缘人”（marginal man）、“新来者”（newcomer）、“旅居者”（so journer）等概念，区别异文化族群在母族文化与东道文化间参与程度的强弱。在新媒体环境中，年轻世代认同社交媒体，在多元文化语境中能够通过社交媒体平台形成与母族文化及东道文化的对话及参与，并在文化冲击与文化冲突中，进行意义的建构，加速自身文化适应的进程。

社交媒体是母族文化与东道文化的有效载体。在本次研究中，社交媒体与跨文化

---

① GOMES C. Negotiating everyday life in Australia：unpacking the parallel society inhabited by Asian international students through their social networks and entertainment media use [J] . Journal of youth studies，2015，18（4）：515–536.

② SHI Y，SHI J，LUO Y L，et al. Understanding exclusionary reactions toward a foreign culture：the influence of intrusive cultural mixing on implicit intergroup bias [J] . Journal of cross–cultural psychology，2016，47（10）：1335–1344.

适应之间是相互作用、相互建构的。对东道社交媒体有较高接受度与参与度的青少年个体在社会文化适应性与心理适应性方面具有更好的表现，跨文化适应强的青少年对新社交媒体的使用与参与意愿也相对更强。

（一）社交媒体：文化适应的新利器

文化适应（cultural adaptation）是具有社会学、心理学、传播学及文化研究等交叉学科属性的概念，是指个体或组织因环境需求而发生的变化①。作为跨文化传播的重要议题，国外学者已提出了诸多文化适应理论模型，包括"U形理论模型"②、"压力—适应—成长模型"③、"五阶段假设"④、"跨文化适应模型"⑤、"双维度模型"⑥等。人际传播与大众传播是个体进行社会交往、文化学习的两大重要形式⑦。

在跨文化交流的过程中，社交媒体兼具人际传播与大众传播的特性，是留学生完成跨文化适应的重要工具。一方面，社交媒体具有高度的私密性，可以帮助留学生维持旧有的关系，发展新的关系，形成社交圈层，加强同侪之间的情感纽带；另一方面，社交媒体具有高度的公共性，用户数量超过世界总人口的三分之一。诸多机构、个人入驻社交媒体，进行信息的发布与传播。通过社交媒体与同伴、与大众进行联结，留学生建立起相对稳定的关系网络，为自身跨文化适应提供了正面的、积极的社会支持。

1. 社会资本

留学生的社交圈相较于国内的更小，特别是时空限制，使得他们无法按照个人意愿完成社会交往。互联网对社会资本带来的影响存在着诸多争论，具有多面向。虚拟社会中嵌入的网络资源，对于网络社会成员的社会资本起着增强作用⑧。社交媒体上的交往行为，不仅促进了信息的流动，线上强弱关系的形成，构建了网络空间的共同体，也增强了现实社会中的社会资本。

---

① BERRY J W. Immigration，acculturation and adaptation［J］. Applied psychology，1997，46（1）：5–34.

② LYSGAAND S. Adjustment in a foreign society：Norwegian Fulbright grantees visiting the United States［J］. International social science bulletin，1955.

③ KIM Y Y. Becoming intercultural：an integrative theory of communication and cross-cultural adaptation［M］. London：Sage Publications，2000.

④ ADLER P S. The transitional experience：an alternative view of culture shock［J］. Journal of humanistic psychology，1975.

⑤ BERRY J W. A psychology of immigration［J］. Journal of social issues，2001，57（3）：615–631.

⑥ WARD C，Kennedy A. Acculturation strategies，psychological adjustment and sociocultural competence during cross-cultural transitions［J］. International journal of intercultural relations，1994，18（3）：329–343.

⑦ KIM Y Y. Communication patterns of foreign immigrants in the process of acculturation［J］. Human communication research，1977，4（1）：66–77.

⑧ 黄荣贵，骆天珏，桂勇. 互联网对社会资本的影响：一项基于上网活动的实证研究［J］. 江海学刊，2013（1）：227–233.

“社交网络上的很多小组其实都很活跃。到了节假日，都会组织线下的聚会，比如，烤肉、狼人杀啊，会认识不同专业的朋友。有一次有个朋友想做自己的游戏，就喊了一帮网上小组的人到他家开 Party，然后把他的方案说给大家听，听听大家的建议。”（LY96F-5，硕士生）

社会补偿效应论的观点认为，社交媒体进入青少年的日常生活中，补偿了由于现实社会制约而无法在线下完成的有效沟通。虚拟空间中的人际关系与现实空间产生勾连，使得原本网络中的弱关系转移到线下，加强同伴间的情感联系与行为互动，有助于从在线的同伴中获取资源与支持，扩展社交圈，并且在互动中促成不同形式的分享与参与。

2. 自我呈现与认同

青少年在面临文化冲击所带来的分裂自我的问题时，需要快速地建立自我认同，缓解由此带来的焦虑。在之前的研究中就已发现青少年“热衷于利用社交媒体进行自我印象管理与自我展示”[①]。在此过程中，留学生个体通过社交媒体更加深入地了解所处的社会文化环境，并在社交媒体中进行自我反思，在自我表达、自我形塑的过程中，完成自我认同的建构。自我呈现是指个人在不同的媒介平台上分享与呈现他们在生活中的某些信息，以形成他们在他人眼中的形象。在跨文化适应的过程中，留学生群体的自我呈现策略也会有所不同。在跨文化适应的不同阶段，呈现的侧重也会转移，留学生群体在现实中的社交网络也与线上逐渐重合。

“刚来的时候经常发状态，一是自己想要多记录一些，二是让别人知道我比较好相处……后来认识的人多了，彼此也更了解，就是常规性地发一发。”

受访者在东道国社交媒体上主动的自我表达中，完成与社会文化融合的互动，并有意识地展现自己的身份认同，符合当地青少年文化的期待，最终使得自己与周围的群体趋于一致。

（二）文化适应：社交媒体的新场景

社交媒体的应用让用户能够在网络空间中创建自己的信息档案，并与亲友进行互动与访问，形成了社交网络。社交网络中包含了各种各样的行动者与关系。对于留学生而言，家人、朋友、伴侣、导师等都是社交网络中的必要行动者，并且可以根据国别身份与文化系统进行划分。

新社交媒体的主动拥抱者与后知后觉者，他们游走在中美文化间，通过参与社交

① 李强．社会资本与自我认同：青年社交媒体使用研究［J］．新闻爱好者，2018（6）：32-36.

媒体进行社会表演，成为“双文化者”，“轻松地理解和使用两个文化系统内常见的规范、思维方式和态度”[①]。基于中美文化环境诞生的社交媒体是双文化知识系统的表征。通过对母族媒体与东道媒体的使用，青少年留学生在不同的知识系统与文化框架中进行切换，建立不同的虚拟身份，拥抱中美文化差异，随遇而安，积极借助社交媒体手段进行“文化学习”，促进文化适应。

“我在国内是很少发朋友圈的。来到这里开通新的社交媒体之后，我也有尝试去经营。我会po自己做的菜、参加的活动、和同学的合影。看到的人就会给我点赞，觉得我很cool，我的自我感觉就越来越良好。哈哈哈哈……越发越多，以前的同学、朋友肯定不相信我会成为一个社交媒体重度使用者，感觉是另外一个我。”（WLX95F-5）

受访者表示，东道国社交媒体的展演，有助于他们了解当地的社会文化与价值观念。在保留自身母族文化属性的同时，补充以东道文化，采取整合策略，解锁全新的生活方式，衍生出全新的可调节的自我，在心理上渐入佳境。

技术退缩者则在双文化的语境中产生排斥性反应。这是面对原有文化完整性和生命力的感知威胁而产生的情感反射[②]。对于这些初到异国他乡的留学生，被陌生的文化环境所浸润，首先形成内卷化交往（in-group relationships）的模式。他们选择微信等母族社交媒体，享有共同语言、价值取向、文化内涵，通过与本族人群的交往降低焦虑感与不确定性，进一步逃避文化适应需要付出的努力。他们既是齐美尔所提的陌生人，是外在的、漂泊的，在社会与文化层面被排斥在外的；也是内在的、内向的、自我异化的陌生人，他们将自我“隔离”于东道文化之外，客观、冷静地审视周围发生的一切。

“现在中国留学生、访学老师都挺多的。除了上课、见教授和出去办事，也不会见外国人，最多写写电子邮件。大家上课之后也各自散开，平时都是自主安排时间，见不到面，就不会有什么联系。另外，像社团之类的，我们就是来一年，也不会加入。其他的我也想不到怎么和外国人认识了。”（BY86F-5，访问学者）

新社交媒体的近用需要给青少年留学生充分的时间准备，这决定了跨文化适应的程度。青少年留学生抵达异国他乡的那一刻起，他们便面临着跨文化的压力与不安，“在初始阶段他们就需要更多的支持来延续自我的认识并培养健康情绪”[③]。技术退缩者

① 怀尔．理解文化：理论、研究与应用［M］．王志云，等译．北京：人民出版社，2017.

② TORELLI C J，CHIU C Y，TAM K P，et al. Exclusionary reactions to foreign cultures：effects of simultaneous exposure to cultures in globalized space［J］. Journal of social issues，2011，67（4）：716-742.

③ YING Y W，LIESE L H. Emotional well-being of Taiwan students in the US：an examination of pre-to post-arrival differential［J］. International journal of intercultural relations，1991，15（3）：345-366.

往往没有足够的时间做好适应工作，因此只能停留在母族文化的舒适区中，拒绝与东道国文化产生过多的交流。

金洋咏提出的传播与跨文化适应的整合理论（Integrative Theory of Communication and Cross-cultural Adaptation）认为融入东道国的生活，特别是对东道国大众媒体的使用，能够增强个体对跨文化的适应能力[①]。然而技术退缩者对于新社交媒体的抗拒，减少了其与当地居民联系的可能性，传播模式只停留在表层的人际传播，而未能将大众传播效果最大化，也因此减缓了他们文化适应的过程。

在与受访者的谈论中，我们可以看到新社交媒体的近用对于留学生跨文化适应过程起到的积极作用。在到达美国之后，青少年对新社交媒体的采纳与使用方面或多或少都会做出调整，通过建立与维护人际关系，缓解初到异国他乡的思乡情结以及孤独感，并且加强对社会文化环境的熟悉度，摆脱“局外人”的感觉。当面临文化离散与文化冲击时，青少年留学生群体兼具“数字原住民”与“数字旅居者”的身份特征与文化属性，产生了族群内部的差异化分层。整体而言，能够提前近用新社交媒体的主动拥抱者以及迟迟不愿接触的技术退缩者仍然属于少数群体，大多数青少年最终会经过学习与调节，用以了解咨询、沟通交流、联系感情。当青少年对新媒介的近用能力受到了外部因素的限制时，就显示出自身的不足，对青少年社会化与虚拟社会化的进程加速提出要求。在面临新的社会环境与媒介环境时，青少年个体应当更具有开放性，独立发展，拓展社会化的范围，形成全球化的社会化导向，增强对社会的反作用力。这种能力还需要被放在一个更长的时间序列上进行考察，随着跨文化适应逐渐完成之后，青少年再次进入新的社会文化环境时，网络素养的近用能力也得到巩固，并且能够更为主动地近用其他类型的媒体。

---

① KIM Y Y. Becoming intercultural：an integrative theory of communication and cross-cultural adaptation［M］. London：Sage Publications，2000.

第六章　批判："后真相"时代的新闻消费与网络素养建构

批判性思维的要求在传统媒体时代便已提出，呼吁人们批判性地理解媒介化的信息。在互联网时代，批判维度又被扩展，不仅要求用户能对文本内容进行阐释解读，更要求在多样化的数字平台中能够对信息进行控制、筛选与挪用。批判能力更高者对于网络内容具有更高的信任程度，为用户的媒介近用提供了更多的可能[①]。

新闻的消费与传播，除了向普罗大众传递"人们所关心的或感兴趣的新近发生的客观事实信息"[②]，更承担着教化功能，即传递知识与价值观念，是媒介环境中重要组成。在传统媒体时代，新闻作为"专业主义"（professional）的代表，包含着"一种服从政治和经济权力之外的更高权威的精神，以及一种服务公众的自觉态度"[③]，通过保持真实性与客观性，获得公众赋予的权威。

然而，信息传播技术的发展，尤其是互联网 Web2.0 的出现，解构了新闻专业神话，打破了新闻传播由上至下、由一向多的传播格局。互联网赋予新闻消费者生产、发布、评论的能力，传播者与接收者之间的界限逐渐模糊，消弭了科层制新闻传媒机构的权威性与神秘感。新闻的概念在新的传播环境中不断延伸与扩展，大量日常信息被"泛化"为新闻。德维托（DeVito）将"朋友关系、明确表达的用户兴趣、先前的用户参与、隐性表达的用户习惯、帖子市场、平台优先级、负面表达的偏好以及内容质量"[④]视为网络新闻是否可见的决定因素。信息的扩充、渠道的便捷、技术的普及，

---

① LIVINGSTONE S，BOBER M，HELSPER E J. Active participation or just more information? Young people's take-up of opportunities to act and interact on the Internet［J］. Information，community and society，2005，8（3）：287-314.

② 曹文岳 . 新闻作用的再认识［J］. 中国广播电视学刊，1988（4）：23-26+22.

③ 陆晔，潘忠党 . 成名的想象：中国社会转型过程中新闻从业者的专业主义话语建构［J］. 新闻学研究，2002（4）.

④ DEVITO M A. From editors to algorithms：a values-based approach to understanding story selection in the Facebook news feed［J］. Digital journalism，2017，5（6）：753-773.

共同改写了新闻生产的规则。公民新闻、博客、社交媒体的即时状态等，都被纳入了新闻的范畴。

近年为大众所热议的“后真相”，反映了当前网络新闻环境的失序，冲击了“客观真实”的新闻专业基础与理念。一方面，草根新闻生产者对于媒介权力的滥用，造成互联网信息的鱼龙混杂；另一方面，信息的接收者缺乏“判别事实、表现事实、利弊权衡”[①]等原则运用的能力，使虚假信息肆意蔓延。对于媒介环境中可能存在的负面状况，政府自上而下地对不良信息、不实信息与虚假信息进行了审查与淘汰，对网络清朗空间提出要求，以应对我国互联网青少年用户接收有余而批判不足的现状。

新闻记者与机构扮演的“把关者”与“监督者”角色日渐式微，造成网络新闻媒介环境的混乱与信息传播技术的异化。技术异化是技术在现象层面引发的消极后果的再现，是“为物质方便和增加利用非物质世界的潜力所必须付出的代价”[②]，其本质是社会环境与媒介环境的异化。“公众对媒介的选择与批判将影响公众社会生活的质量，特别是关乎青少年世界观、人生观、价值观的形成。”[③]在后现代主义思潮的影响下，互联网的真实与理性开始消解，“我们能看到的仅仅是形象的形象，复制品的复制品”[④]。娱乐文化与商业资本的合力倾轧，颠覆与解构了拟态的真实。

在新闻消费方面，青少年个体成为自身的新闻编辑与把关人。面对“后真相”的“习以为常”，青少年在网络空间中通过“新”新闻认识世界、接收信息的过程中，更需要构建具有批判性的新闻素养（news literacy），寻找准确的信息。新闻素养主要讨论人们如何及为何接触新闻媒体，如何理解新闻信息，以及他们受到的影响。

新闻素养是网络素养研究框架下一个重要的次级概念。新闻的易接入性与丰富性形成了无处不在的、环绕式的新闻环境。当前新闻环境的性质是：新闻信息以短视频等更具迷惑性的形式出现，可能导致人们误以为他们不再需要定期关注新闻以保持自身对信息的摄取。新闻因此成为青少年熟悉而又陌生的媒介。一方面，媒介形态日益丰富，青少年对于新闻以及新闻媒体的界定有了自己的标准；另一方面，青少年熟稔地获取新闻信息并流连于感兴趣的内容，却对新闻产业以及新闻效果知之甚少。因此，新闻素养不仅认为青少年应当具有新闻记者的技能与思维方式，更应当适应当前的媒介环境，提升批判能力，避免深陷信息洪流的泥淖之中。除此之外，新闻消费行为为青少年日常生活提供意义，特别是为青少年建构公民身份，进行社会参与提供了新的

① 陈力丹．树立全民“新闻素养”理念［J］．新闻记者，2014（4）：61–63.

② 刘文海．技术异化批判——技术负面效应的人本考察［J］．中国社会科学，1994（2）：101–114.

③ 袁军．媒介素养教育的世界视野与中国模式［J］．国际新闻界，2010，32（5）：23–29.

④ 多克尔．后现代与大众文化［M］．王敬慧，王瑶，译．北京：北京大学出版社，2011.

交往空间与参与模式。

因此，本章基于当前网络新闻环境的变化，了解青少年如何看待新闻在其日常生活中的作用，讨论青少年新闻消费与新闻素养的现状，并据此对于新闻素养的普适性框架搭建提出构想。笔者主要采用深度访谈与焦点小组的方式，对 16 名青少年进行半结构式的采访。其中中学生 9 人，本科及以上学历 7 人。根据学历结构，展开两次焦点小组。受访对象中有 6 人具有新闻传播学背景或选修过相关课程，有 10 人从未通过学校教育系统接触过相关知识。

一、"后真相"时代：批判性新闻素养的提出背景

"后真相"（post-truth）一词被《牛津英语词典》选为 2016 年世界年度热词，其定义为"诉诸情感及个人信念，较陈述客观事实更能影响公众舆论的情况"。换言之，它是客观性价值取向对情绪性价值取向的妥协。"后真相"成为网络新闻环境的标签，传达出网民新闻消费的行为与情感偏向。"后真相"的概念反映了各种各样的动机与情绪成为日常信息消费的基础，提出了培养用户新闻素养，增强批判能力的强烈诉求，以更好地适应网络空间生存需求。

（一）"后真相"的重提

在新媒体的驱动下，越来越多青少年通过互联网获取新闻信息，信息量与获取途径越来越丰富。但是新闻信息的可信度与真实性也较传统的广播、电视、报纸新闻时代大大减弱。尽管假新闻与不实信息的传播并非这个时代独有的现象，但是互联网增强了假新闻的扩散规模与传播效果，使用户陷入困扰。大量的虚构类新闻被发布，经由不同的社交媒体平台展开病毒式的扩散，使得人们越发重视对新闻内容的判断，反思"后真相"的社会。

"后真相"是拟态媒介环境中个体自适应的结果[①]。信息传播技术的快速发展，特别是社交媒体平台的兴盛，使得传统主流媒体的"把关"力量被大大削弱，媒介信息呈现去中心化、碎片化、病毒化等特征。新闻信息也受到个人经验与信息来源影响。怀斯博德（Waisbord）认为"后真相"与不正确的知识及无知的读者有直接联系[②]。媒介机构与受众求"快"大于求"真"，信息文本被肆意解构，"真新闻"的定义被放在

---

① 唐绪军."后真相"与"新媒体"：时代的新课题［J］. 传媒观察，2018（6）：5-11，2.

② WAISBORD S. Truth is what happens to news：on journalism，fake news and post-truth［J］. Journalism studies，2018，19（13）：1866-1878.

“信息迷失”的语境下重新解读[1]。

一直以来，新闻媒体都被视为创造公共生活框架的工具，促进社群的形成，并加速群体内部的融合[2]。社交媒体的使用更加速了新闻媒体的社群性，新闻的内涵也被延展。无论是以微博为代表的相对开放的信息，还是以微信为代表的具有熟人关系属性的微信朋友圈，抑或试图打造新闻社交模式的各类型新闻客户端，都成为提供丰富新闻信息的重要来源。这也为各类不实信息传播创造了更多的机会。社交媒体增强了信息的传播速度与传播范围，但是在传播质量上并没有显著提升。抓人眼球的“情绪化”成为获取流量的主要手段，而事实与真相却鲜有人理睬。部分信息在没有被展开阅读及证实的情况下，就因标题醒目而被快速传播。通过在线分享、点赞与朋友互动等即时获得的满足感也变相地鼓励虚假信息的再传播。假新闻因此层出不穷。

社交媒介创造的“回音室”（echo chamber）及算法主导推送衍生的“过滤气泡”（filter bubble）也是“后真相”大行其道的“幕后推手”。社交媒体上的信息循环系统让用户有选择地暴露在自己感兴趣的信息与圈层中，选择“与自身知识、信念与意见相一致的内容，避免暴露与内在状态产生冲突的信息”[3]。用户可以对不同的平台进行选择，关注他人并交换意见。尽管用户可以因此避开令自己沮丧的信息，但是势必会牺牲掉一些必要信息，使得用户接受的包容性变弱。社交媒体提供的“限定场景”，缩小了用户接受新闻信息的泛在性，即在非刻意的情况下接触到更多元的信息。这种状况不利于培养用户批判与评估信息的能力。

（二）新闻素养与青少年

青少年被过载的网络信息与新闻资源裹挟，需要准确的信息来完成社会参与与认知，构建价值观念，形成他们的舆论观点。然而“后真相”时代的信息却无法为此提供保障，需要青少年批判地从诸多信息源中做出筛选。新闻“世界中最大的继续教育者”的作用在青少年群体中也日益减弱。他们所处的媒介环境与其父辈大不相同。在网络空间中成长的青少年更习惯从互联网获取新闻信息，而非传统主流媒体机构提供的方式。

传统新闻媒体尝试应对新媒体带来的困难与挑战。他们通过深度、全面、多样态

---

① WILLIAMS R. Fighting “fake news” in an age of digital disorientation：towards “real news,” critical media literacy education and independent journalism for 21st century citizens［M］// Critical media literacy and fake news in post-truth America. Brill，2018：53-65.

② SWART J，PETERS C，BROERSMA M. Shedding light on the dark social：the connective role of news and journalism in social media communities［J］. New media and society，2018，20（11）：4329-4345.

③ CASE D，GIVEN L. Looking for information：a survey of research on information seeking，needs，and behavior［M］. Bingley：Emerald，2016.

的媒体融合的尝试来吸引青少年用户的关注，利用"短、平、快"的网络特征，寻求新闻内容与传播形式上的突破。然而，新闻媒体的变革未能获得当代青少年的认可。青少年的在线活动依然以娱乐性为导向[①]。当代青少年的新闻消费呈现出明显的"代际迁移"（generational shift）[②]，对于严肃性强的政治新闻关注度低。各级媒体机构也趋向迎合当代青少年的新闻消费偏好进行内容分发，利用网感化的语言与文法，实现流量经济的转化。用户兴趣偏好在新闻聚合中越发垂直化与窄化，在一定程度上与社会"脱节"（disengaged）。

青少年新闻获取行为的转变、混杂无序的传播环境、参差不齐的新闻生产，使得新闻素养在互联网时代被重提。新闻素养是媒介素养与信息素养的重要分支，指的是个体熟悉新闻并具有阅读（消费、评估）和书写（新闻生产、即兴新闻）的基础能力。新闻素养帮助青少年理解新闻在社会中所扮演的重要角色，通过识别或确认什么是新闻，提升批判性地评估新闻信息的能力。新闻素养是"后真相"时代解决错误信息和虚假信息传播问题的可行方案，同时是赋权青少年使他们更有能力批判地参与社会的手段。

新闻素养早期仅作为大学新闻专业的学生的基础能力，并不为大众所熟知。美国石溪大学新闻素养课程的创办者施耐德（Schneider）将其定义为"利用批判性思考来判别新闻报道的真实与可信程度，无论是纸质媒体、电视媒体或是互联网"[③]。新闻素养的核心是怀疑的认知方法。秦学智认为新闻素养应注重"使用、鉴别、判断、评价、制作和传播新闻信息文本的能力以及正确新闻价值观和新闻阅读习惯的教育"[④]。

对于青少年而言，长期生活于网络空间的他们，更容易因为简单的人际关系忽略批判思维的训练，陷入"后真相"的信息陷阱。新闻素养强调对专业新闻实践和流程的理解以及批判与分析的能力，包括鉴别信息真伪、信息质量、信息精度等，是青少年作为现代公民的基本能力构成。

---

① 曾昕．网络媒体时代的青少年新闻教育：新闻消费习惯与新闻素养建构［J］．中华文化与传播研究，2018（2）：277–288.

② MINDICH D T. Tuned out：why Americans under 40 don't follow the news［M］. Oxford：Oxford University Press，2005.

③ SCHNEIDER H，KLURFELD J. The demand dilemma and news literacy in schools［J］. Media giraffe project at the University of Massachusetts–Amherst and the Donald W. Reynolds journalism institute，2008.

④ 秦学智．试论新闻素养教育的几个基本问题——由美国石溪大学新闻素养暑期课程教学思想引发的思考［J］．现代传播（中国传媒大学学报），2014，36（2）：139–142.

二、青少年的新闻消费习惯

新闻消费与实践越来越多地进入日常生活并受到人们的关注。媒体与新闻消费相互交织，并受到“非媒介相关的行为方式”的影响[①]。一方面，新闻是日常人际交流的重要话题；另一方面，青少年的新闻消费与政治知识及公民意识有直接的因果关系。第44次《中国互联网络发展状况统计报告》[②]显示，我国网络新闻用户与手机网络新闻用户规模及使用率继续增长，在新闻供给与新闻传播方面都得到了提升，但是总体来看，网络新闻的使用时长仍然排在即时通信与网络娱乐服务之后。新闻消费的行为与习惯在青少年时期建立，并且具有持续性[③]。因此，探究中国青少年的新闻消费图景，考察其批判维度的能力，也将对其个人发展具有极大的影响。

（一）新闻平台的选取

新闻消费是青少年日常媒介消费中的重要组成部分。在受访者看来，新闻仍然能帮助他们跨越空间界限，知道外界发生了什么，并转化为社交谈资。新闻的告知功能得到延伸。因此，他们会关注新闻，或是根据自己的兴趣主动搜索新闻。新媒体的融合性及其作为陪伴设备的作用凸显了其地位，从而创造了现有的新闻消费环境[④]。社交媒体新闻媒体引发的新闻惯例与传统媒体时代大不相同。在新闻信息的搜寻行为上，青少年不再需要在特定时间、地点或选择特定的媒介形式获取信息，而拥有更大的灵活性。青少年不再需要每天阅读一份报纸，而是定期在社交媒体上查看、分享或点赞即可。在焦点小组与深度访谈中，青少年也提及了主要的新闻获取方式。

1. 社交媒体

以微博为代表的社交媒体是国内青少年主要的新闻信息获取方式之一。微博自诞生以来就被视为公共领域重要的信息发布端口，具有极强的社会属性及关注度，让用户能够关注或订阅自己感兴趣的个体或组织机构发布的信息，并维持社会联系。所有的受访对象都熟悉微博平台，或者熟悉其中的“热搜”功能。

---

① BANAJI S，CAMMAERTS B. Citizens of nowhere land：youth and news consumption in Europe［J］. Journalism studies，2015，16（1）：115–132.

② 中国互联网络信息中心 . 第 44 次《中国互联网络发展状况统计报告》［EB/OL］.http://www.cnnic.net.cn/hlwfzyj/hlwxzbg/hlwtjbg/201908/P020190830356787490958.pdf，2019–08–30/2019–12–13.

③ YORK C，SCHOLL R M. Youth antecedents to news media consumption：parent and youth newspaper use，news discussion，and long–term news behavior［J］. Journalism and mass communication quarterly，2015，92（3）：681–699.

④ VAN DAMME K，COURTOIS C，VERBRUGGE K，et al. What’s App opening to news? A mixed–method audience–centred study on mobile news consumption［J］. Mobile media and communication，2015，3（2）：196–213.

熟练的微博用户能够通过关注用户或内部搜索，了解其他个体发布的内容。有受访者提到了微博创立初期常见的"随手拍"活动，就是鼓励用户自主上传实时内容，通过UGC模式丰富平台内容。UGC模式使得每个个体都能有机会发表观点，进行陈述，让多元的、少数的意见获得更高的可见度。这种模式对于年青一代的微博使用者而言略显落伍。他们更倾向于使用微博热搜或者超话功能获取需要的信息。

微博热搜榜能够及时根据用户对热点内容的关注度进行调整，反映出多数用户关注的内容，并促进用户发现热点及参与讨论。超话则是用户感兴趣的人物或话题的信息聚集地，微博也会对热门话题进行推荐。对于青少年用户而言，在社交媒体平台上获取的新闻资讯，不仅帮助他们建立了在网络平台中的关系网，也加深了在现实生活中的联结。仍处于中学阶段的用户利用碎片化的休闲时间，借由微博热搜里大量的娱乐新闻满足日常的休闲需要。这一需要也延续到成年人的日常交往及工作中。受访者将微博热搜比喻为"瓜田"，作为自己与社会及他人联结的信息交换中心。然而对热搜背后的运作机制，大多数受访者表示并不熟悉，只知道娱乐新闻常常受到商业资本的影响，是许多艺人"蹭流量"的场所。但是这并不妨碍受访者将其作为主要的新闻信息来源之一，因为他们看重的是新闻内容本身。

2. 视频平台

视频平台也成为新闻获取的主要渠道。不同于YouTube在外网的垄断地位，中国的视频平台形成长、短视频网站分明的格局，各具特色。大多数青少年开通了各大网络视频的账号，并且有选择性地开通会员。视频网站所提供的信息并不完全是传统认知中的硬新闻。但是对于青少年而言，新闻除了新近发生，更重要的是贴近性。

"美食、美妆、健身、时尚、体育，都是我想关注的，但是在视频网站里看传统的新闻确实不太多，可能是平台特性吧。"（WW93M-6）

在采访中，受访者认为在短视频平台较传统的视频网站能接触到更多的新闻信息。在平台特性上，短视频平台30秒至1分钟的时长限制更适合新闻消息的传播；在新闻形态上，短视频在某种程度上消解了传统新闻的权威感，特别是《新闻联播》推出的《主播说联播》栏目，通过话语方式的革新，破壁出圈；在新闻题材上，短视频平台中有许多社会新闻与民生新闻，拉近了与用户的距离，也为地方媒体提供了新的平台。

然而，视频平台上的新闻仍然是以更加轻松化、戏剧化的方式建构的，新闻推送的把关权力也逐渐移交给算法，这也使得青少年产生困惑，认为自己的视野变得狭窄了。

"以前，吃早饭的时候恰好是央视早间新闻的播放时间，就会在我爸的车上听中央人民广播电台的新闻播报，再来就是晚饭时电视上播的地方新闻、国际新闻或是《新闻联播》……现在都是抖音里的，比如‘帮帮忙’类的调解节目。”（WW93M-6）

3. 即时通信软件

微信与QQ是当代青少年用于维持社会关系、联系同伴社群、展开小范围信息交换的软件。同时，通过自由分组，青少年也可以更好地筛选内容。此外，随着即时通信软件的集成度越来越高，功能越来越丰富，极大地冲击并占据了传统媒体的阵地。有受访者表示，在使用即时通信软件时有着“更高的掌控力”，同时也更加“个性化”。尽管即时通信软件产生之初并非专业的新闻工具，但是其已逐渐演化为青少年知悉新闻的主要路径。

微信公众号是受访者口中的“最佳创意”。各级新闻媒体单位都会入驻微信公众号，并根据新闻内容的重要程度每日进行数次更新，对于重大突发事件也及时跟进，发挥出新闻媒体的筛选把关优势。青少年根据自己的需要，浏览不同的新闻公众号，以及感兴趣的垂直话题，即可获取足够的信息。同时，“转发”“在看”等功能也为重要新闻的传播提供支持。

此外，在面对重大危机事件时，即时通信软件也变得极为重要。一方面，即时通信软件能够帮助用户快速了解亲友信息；另一方面，也能将一些危机时期的信息转发给有需要的个人或群组。在后续的采访中，有受访者描述了新冠肺炎疫情暴发初期的微信情景。

“朋友圈里每天都有人发疫情的最新进展，比如，丁香医生和腾讯发布的各地确诊人数及死亡人数，以及官方的通报情况。还有就是大家家里的情况，比如，父母觉得疫情不严重、买不到口罩等。”

“班里有在湖北的同学，大家都特别担心她，怕她出事。她也会给我们发一些家里的视频，算是报平安吧。”

4. 其他平台

除了社交媒体、视频平台以及即时通信软件，也有少数受访者提及了其他平台，如央视网、新华网、新闻App、门户网站、搜索引擎等。诚然，这些平台有着更强的专业性与权威性，是网络新闻实践不可缺少的环节。但是这些平台并非青少年获取信息的首选，除非“针对某个专门的问题进行查询”。他们给予这些平台的新闻内容以及应用程序的来源极大的信任，但认为“没有必要”。在受访者的表述中，界面杂乱、信息过多导致的复杂筛选工作是他们较少使用这些平台的原因。

“里面的信息太多了，虽然有分类但是也得不断地点击、跳转界面，不如微信省事儿。如果是特别的新闻，在微博、微信上肯定也会发布的。"

（二）新闻消费行为

青少年对于各类新闻生产机构以及传播渠道的基础情况有一定的了解，但是对于更深层次的知识，如推送机制、算法原理、采编流程等方面的知识掌握程度则并不均衡。因此，他们的新闻素养更多是通过日常新闻消费逐渐形成的。

青少年的新闻消费习惯也不相同。在新闻偏好上，大多数人以个人兴趣爱好为标准，订阅与搜寻软新闻。本尼特（Bennet）对此持乐观的态度，认为这将会帮助青少年提升信息搜寻的能力，也是青少年逐步接触硬新闻的开端[①]。然而，目前硬新闻对于青少年并没有太大吸引力。受访者认为"时事政治那些不感兴趣""写作文体千篇一律"，因此他们不太会订阅严肃新闻或是主动搜寻相关信息。

新闻阅读的时间也并不连续。青少年多利用碎片化的时间阅读新闻，他们用"扫一眼阅读标题""快速滑动""一目十行"的方式快速浏览信息，而不进行深度阅读。即使是较长篇幅的深度报道，也会依照文章前给出的"预估阅读所需时间"做出判断，即刻阅读或是归档收藏。

在新闻来源上，由主流媒体机构背书的新闻仍然是大多数受访者的首选，因为其在"真实度"与"新闻质量"上能够得到保障。对于非官方渠道获得的信息，只有个别受访者会主动核实，查找信息来源，其他人都以一种"已阅"的心态，不求甚解。然而，尽管他们相信主流媒体报道的真实性，却无法为之信服，新闻的客观性在青少年看来是重要的，却未能引起重视。

新闻应用程序未能获得青少年的青睐。部分受访者认为"没必要，有其他途径可以看到"，或是"占手机内存空间"而没有安装；而安装了新闻应用程序的受访者也表示使用频率并不高，大多通过推送标题知悉事件。

"有时候那些 App 都推送一样的内容，或是在同一个时间段一起推送，手机振个不停，就还挺烦人的。"（ZM92F-6）

移动社交媒体成为新闻接入的主要路径。除了朋友圈内的琐事及个人感兴趣的新闻，移动社交也是青少年获取国内外各类新闻事件（如政治经济、名人八卦、奇闻逸事等）的主要来源。社交网络中具有强联系的亲朋好友成为新闻的过滤器（filter）。新闻分享成为青少年与同侪维系社会关系以及表达集体认同的方式。通过转发和评论，

① BENNETT W L. Changing citizenship in the digital age［C］// In civic life online：learning how digital media can engage youth. MacArthur foundation series on digital media and learning. Cambridge，MA：The MIT Press，2008：1–24.

引起青少年的共同关注。

“朋友圈里有各种专业的人，他们会分享他们领域的内容，有时候看看还蛮有趣的。我是学计算机的，和数字、代码打交道。那些文科的朋友就会分享好多有趣的东西，跟看故事一样。然后会发现自己有好多朋友关注了那个公众号，我也会加个关注。”（YS92M–6）

与传统新闻相比，移动社交平台使青少年以更复杂的方式参与新闻。推送文章中嵌入的链接、视频、图片使他们可以轻松地了解主题的历史背景、相关问题或不熟悉术语的定义。相较于评论，他们倾向于“围观”，在各种舆论意见场域中观察他人的讨论，从而帮助他们就问题发表自己的意见。

“文章评论经常有很多亮点，有些人的想法很新奇、很独特，看后会觉得很有收获。有些人则是在底下说自己的故事，千奇百怪的。”（JLY94F–6）

“分享转发在朋友圈的内容，如果有他们（分享转发者）自己的评论观点的话，我会先看他们的观点。”（LJP89M–6）

然而这种“围观”也造成了一种新的悖论。过多的观察使得青少年过度迎合他人意见，而忽略了自身的主动批判，无法确定新闻评判的意见。同时，青少年可能过度关注内容本身，而忽略新闻平台、来源等真实性。

综上，青少年的新闻消费仍然处在一个浅表化的阶段。一方面，外部的媒介环境对青少年的批判造成干扰；另一方面，青少年内在批判能力不足。尽管新闻消费成为青少年日常生活的组成部分，但是“新闻评判”（news judgement）经验与新闻兴趣缺乏，使得他们的批判能力无法得到提高。

（三）偶然接入与主动介入

近年来，“移动优先”与“社交驱动”成为国内外新闻媒体发展的重要动力。媒体机构多采用“两微一端”（微信、微博、移动客户端）的模式，进行新闻信息的分发与传播。用户可以在其中迅速养成与该媒体相关的一系列习惯，将各类媒体有效地嵌入新闻用户的媒体库。在信息环境的包裹下，青少年即使不主动获取新闻信息，也能在应用程序的信息推荐中、社交媒体的好友分享中、视频网站的页面浏览中获得偶然信息（incidental news）。

“微信每天都会推送 2~3 次的新闻，我也关注了一些媒体的公众号，朋友圈里也有人转发一些新闻，看一看微博前十的热搜，每天的新闻信息量就够了。”（ZM92F–6）

“以前会有弹窗新闻，现在就是页面置顶吧。”（LJP89M–6）

所有这些非青少年用户主动搜索获得的信息皆可以被归为偶然信息。大多数受访者都指向了微信、微博等移动社交平台的信息浏览。用户进行新闻消费时，无法预知自己何时、在何平台将会获得何种信息，无所期待却又收获满满。然而这种看似偶然的情况却并非完全与用户的能动性无关。

偶然新闻的出现是用户使用习惯与新闻推荐模型合力促成的必然结果[①]。利用算法技术进行推荐是当前互联网新闻的技术主体与发展逻辑。算法承担了互联网时代"把关人"的角色，通过执行程序化的指令，追踪用户日常的新闻消费行为，记录个体化差异程度，发掘用户的兴趣偏好，将内容精准投放到与其兴趣相匹配的个体与群体之中。

机器的程序化选择在某种程度上具有专业的编辑逻辑，并在算法设计中嵌入了程序开发者在信息优先级、分类、关联和过滤等方面的价值判断[②]。受访者对于新闻算法分发机制的设定表示了解，并对算法"精准投放"表示认同，使得用户所获得的新闻具有更高的相关性。但是由于算法黑箱的存在，新闻内容如何被挑选、归类、分发则处于用户的知识盲区。

算法的引入是以牺牲多样新闻内容为前提的，以推送用户感兴趣的新闻。重复的新闻消费可能会导致新闻来源与观点越来越狭隘，偶然接触到其他新闻的可能性也会减小，且不易被察觉，产生"回音室效应"（echo chamber effect）或"过滤气泡"（filter bubble）。对于算法推荐机制可能引发的"受众信息窄化""知识结构固化"[③]等风险，受访者并未表示过多的担忧，他们对于自己的信息获取方式表示乐观，认为算法机制并不会使他们批判新闻内容、新闻渠道、新闻机构的能力降低。

"算法推送的文章都是我想知道的，也是我乐于知道的。"（LJP89M-6）

然而，看似偶然接入的新闻实则受到算法逻辑的把控。青少年所看到的信息都被算法依照相关度与优先级进行排序出现，主要影响因素包括但不限于：用户个性化设置选择标签、用户与同类型信息产生互动、对某个信息的点赞或屏蔽、是否完整观看类似信息等、关注用户与该信息的交互等。为了更好地成为算法的目标受众，接收到更加丰富的信息，青少年需要学会通过个性化操作来调节算法。

少数受访者表示自己会刻意地去查看不同类型的新闻，关注不同的账号，以此来对抗算法的影响。这种做法需要消耗更多的时间与精力，这也使得他们逐渐妥协。更

---

① VAN DAMME K，MARTENS M，VAN LEUVEN S，VANDEN ABEELE M，DE MAREZ L. Stumbling upon news：understanding incidental news use as a continuum of user agency［J］. In future of journalism，2019.

② POWERS E. My news feed is filtered? Awareness of news personalization among college students［J］. Digital journalism，2017，5（10）：1315-1335.

③ 张淑芳，杨宁 . 共同体视域下算法推送机制的信息茧房效应规制［J］. 湖北社会科学，2019（10）：171-177.

多的受访者则表示不会尝试调节算法，并且认为这是徒劳。

“本来就没有那么多时间去看（新闻）。一开始还会想着多看点不同的，后来就放弃了。”（CYF03F-6）

“除了算法，肯定还有其他，比如，我日常和朋友聊到某个话题，过一会儿就能收到这些内容的推送。那就这么看下去吧，也没有多大影响。”（LYD01M-6）

有学者将这种模式称为“新闻找上门”（news-finds-me）。这种模式源于用户个人的看法。尽管用户没有刻意关注新闻，但是他们对于当前的事了如指掌，这是因为信息通过他们的媒体使用、同伴关系与社会网络主动找到了他们[①]。具有丰富选项的媒体环境占据了用户使用传统媒体的时间，“二级传播”的效应日益增强。随着时间的推移，用户对于时事与政治等硬新闻的了解也会越来越少，主动搜寻新闻的意识也会越来越淡薄，越发依赖网络中的他人来过滤新闻[②]。越来越多的网络服务呈现出的后现代特性鼓励青少年关注在私领域的展演，并模糊了公私之间的界限，这也使得青少年对于公共议题的讨论行为与关注度下降。

新闻信息的主动搜寻有时也成为一种仪式与成长的标志，特别是对公共议题与政治新闻的主动参与。公共新闻一直以来都是人类日常媒介生活中的社会结构。分享此类新闻信息，并在这些信息的基础上采取集体行动[③]。

新闻素养帮助青少年提升主动搜寻与批判的能力，从而提升个人公民意识及政治素养。有些青少年认为自己“心有余而力不足”，个体能力的不足影响他们对严肃话题的关注度；有些人则是在新闻环境中感受到了排斥，“没人重视我们”，其微不足道的发言并无法对复杂的媒介环境产生影响。这与美国 Media Insight Project 在 2015 年的一项调研结果十分相似。该项目指出“成为一个知情的公民”是“千禧一代”使用新闻的最重要原因，然而青少年却认为自己越来越不被主流媒体所代表[④]。青少年表达出以“数字公民”身份参与到新闻行业中的意愿。

“中学的时候不关注，是因为学习最重要，和政治课有关的才知道；大学的时候不

---

① GIL D E ZÚÑIGA H，WEEKS B，ARDÈVOL-ABREU A. Effects of the news-finds-me perception in communication：social media use implications for news seeking and learning about politics［J］. Journal of computer-mediated communication，2017，22（3）：105-123.

② PENTINA I，TARAFDAR M. From “information” to “knowing”：exploring the role of social media in contemporary news consumption［J］. Computers in human behavior，2014，35：211-223.

③ SWART J，PETERS C，BROERSMA M. Repositioning news and public connection in everyday life：a user-oriented perspective on inclusiveness，engagement，relevance and constructiveness［J］. Media，culture and society，2017，39（6）：902-918.

④ MEDIA INSIGHT PROJECT. How millennials get news：inside the habits of america’s first digital generation［C］. American Press Institute，2015.

关注，是因为觉得自己玩得好最重要；工作了以后，就开始时不时看新闻了。先是和行业有关的，慢慢就越看越多。"（YS92M-6）

网络媒介在某种程度上也调整了用户对公共问题的参与，避免了传统的宏大叙事话语框架。"00后"的受访者表示"从未如此强烈地感受到新闻的力量"。新冠肺炎疫情期间，青少年开始关注与疫情相关的新闻，以及面临西方媒体的歪曲报道时，外交部发言人的有力回应。公共新闻不仅帮助人们探索日常生活，支持参与，也创造了一个共同的接入点，让用户产生归属感[①]。事实上，新闻比任何其他文化形式都更有能力承担定义公民活动的重任。新闻消费对公共参与唤醒青少年在新时代的民族主义与公民意识起着至关重要的作用，特别在国内外社会重大事件中，青少年更容易展现"家国情怀"及"命运共同体"的人本精神，强化对自身公民身份的认同。

三、新闻素养教育的实践与重构

（一）新闻素养教育实践

青少年的新闻消费反映出了新闻与青少年之间联系的弱化。移动互联的信息媒介环境使得青少年形成了独特的新闻阅读经验。以移动社交为主要信息获取平台，在阅读上呈现了浅表化、移动化、碎片化的特征，对于新闻内容的即时性、丰富性、娱乐性提出了较高的要求。看似被动接收的新闻信息，实际上是个体能动性与市场资本运作逻辑的产物。青少年的严肃新闻兴趣需要逐渐积累，但在此前所选择的媒介内容无法对青少年批判性思考与怀疑的认知方式起到提升作用。甚至在新闻消费中，可能进一步扩大新闻使用的不平等现象。

对于新闻素养教育的展开，学界仍然处于探索阶段。新闻素养是数字时代的重要生活技能，以批判能力为核心，是应对信息过载和鉴别新闻真实性的有效工具。2005年，石溪大学创立了首个新闻素养公共课程，旨在帮助学生在新的媒介环境中浏览信息时，可以驾驭可疑来源的信息及逃离情绪化的"标题党"，让学生成为信息的批判性消费者，保持对于新闻的敏感性与鉴别力。该课程在国际上得到了热烈响应，由此掀起了新闻素养教育运动，被引入多所大学，一些小型的工作坊性质的新闻素养培训也在各地展开以服务特殊目标受众团体[②]。然而，新闻素养课程更多的是面向新闻传播专

---

① SCHRØDER K C. News media old and new：fluctuating audiences，news repertoires and locations of consumption［J］. Journalism studies，2015，16（1）：60–78.

② BEYERSTEIN L. Can news literacy grow up?［J］. Columbia journalism review，2014，53（3）：42–45.

业学子，因此强调对于专业理论与技能的训练，在一定程度上忽视了同样作为新闻参与者与新闻建构者的其他群体。英国 BBC 支持的“校园报道”（School Report）项目，通过让学生学习新闻生产并进行地区广播、电视的新闻制作实践，培养他们的新闻素养能力。具体来看，包括信息采集、团队合作、时间管理等。

美国学者霍布斯（Hobbs）加入面向青少年的新闻素养教育工作坊，通过具体案例引导学生了解新闻是如何被建构的，以及新闻对于社会的重要性。她认为新闻素养的教育实践，需要重点关注学生对于新闻的预设及教学策略，以更好地培养学生批判性思考与传播技能。霍布斯从教学方法上思考并提出了面向青少年与儿童新闻素养的学习原则：（1）从学生的兴趣出发；（2）将理解与分析相结合；（3）提出批判性问题并倾听；（4）聚焦建构性；（5）用新想法直接支持批判性分析与媒介合成；（6）多媒体协作创建有意义及权威性的传播；（7）连接课程与世界。

在“后真相”语境中，新闻素养教育同样重视专业主义。新闻产业已重新发挥专业媒体的功效，例如，法国报纸《世界报》建立了事实核查部门，以消除在线虚假新闻；《华盛顿邮报》对特朗普总统的推文进行了事实核查，英国慈善机构 Full Fact 致力于开发新的应用程序，使记者能够在新闻发布会现场检查统计数据，并进行质疑。高校也开设了新型课程，例如，南京大学新闻传播学院开设了“负面新闻传播研究”“事实核查”的课程，并在课程中推出了“NJU 核真录”新闻公众号，在微信平台发布。该公众号中的事实核查内容均由学生独立完成，评估中国媒体新闻报道中事实性陈述的准确性，更好地审视专业主义。

（二）新闻素养教育路径

新闻素养教育会影响人们对新闻内容产生的批判态度和看法。新闻素养是一项重要的教育目标，因为它具有促进新闻消费、公民参与和民主参与的潜力，进而成为争取民主和公民权利的条件[①]。新闻素养教育应当密切贴合青少年的新闻消费实际情况，打破学科与专业的界限，建立具有普适性的新闻素养框架。综合来看，新闻素养课程应当注重以下能力的培养与展开：

1. 认识新闻的作用

如何批判性对待新闻源于人们对于新闻重要性的理解。青少年往往忽视那些没有明显结果的新闻，因此需要强调为什么要关注新闻。新闻是人类的本体性活动，是人类的基本需要。一方面，新闻信息满足人们对信息获取与分享的需求，对个体起着宣

① ASHLEY S，MAKSL A，CRAFT S. Developing a news media literacy scale［J］. Journalism and mass communication educator，2013，68（1）：7–21.

传、联系、警示、教育、引导等作用，影响个体对世界的认知；另一方面，新闻意味着"社会的正义、民主与自由状态"[①]，是现代公民个体与公共领域的有效勾连。认识新闻的作用，能够帮助青少年与社会、政治、经济环境产生更紧密的联系，鼓励青少年养成新闻阅读的习惯，提升青少年的公民意识与新闻参与热情。从宏观层面提升青少年解读新闻的主观能动性，其社会能力的拓展也将反馈到公民社会政治活动中，促进社会进步。

2. 理解新闻的定义

新媒介时代新闻的内涵发生了改变。青少年所具备的媒介能力已远超其父辈，然而缺乏基本知识使得青少年无法最大限度发挥出自身能力。将新闻传播学子耳熟能详的专业基础内容结合新时代语境传递给青少年，如新闻的信息来源、基本分类、语言表达、报道题材、写作体裁等，是基础且必要的。个体需要获得有关大众媒体现象的关键知识，包括媒体产业、媒体信息、媒体受众和媒体效果等。在此基础上，培养青少年新闻识读的能力，更能在新闻的概念与边界泛化后，从冗杂的信息流中，确认新闻的评判依据，对信息进行筛选。

3. 搜寻新闻的能力

新闻信息的主动搜寻与青少年的新闻消费偏好与获取行为密不可分。调研中显示青少年主动搜寻的信息多为软性新闻，其余新闻获取主要通过偶然接入的方式，大量依赖于算法推荐，并在一定程度上忽视算法所带来的"信息茧房"效应。因此，新闻素养教育应当鼓励青少年走出信息茧房，拓宽个人需求，培养青少年主动关注多元新闻内容，避免长时间接触同质化信息，造成与现实世界的脱离与撕裂。在信息的搜寻中，青少年通过批判性地审视新闻信息的来源平台、媒体文本及其出现的环境提升自身的新闻素养。

4. 评估新闻的能力

当前青少年浅表化的新闻阅读方式，使得他们只停留在了信息接收的层面，而未能深入文本内容进行分析，缺乏对市场化、商业化运作下的，以流量经济为导向的媒介环境的警惕。当前媒介环境呈现出"多种类型媒体共同参与，多元新闻实践形态并存"[②]的格局，过去自上而下的媒介传播机制被解构。因此，面向诸多非主流渠道发布的信息，以及其他外部媒介信息，评估新闻需要批判的眼光、怀疑的认知，从而评判

① 杨保军. 准确认识"新闻的价值"——方法论视野中的几点新思考［J］. 国际新闻界，2014，36（9）：108-121.

② 张志安，汤敏. 新新闻生态系统：中国新闻业的新行动者与结构重塑［J］. 新闻与写作，2018（3）：56-65.

新闻真实及客观与否，了解新闻背后的立场、动机与价值。此外，社会重大事件的发生，更需要青少年具有识别真相与谣言之能力，维护新闻舆论环境的安全与稳定，并主动参与到新闻的互动中。

5. 创作新闻的能力

在全球新闻业中，社交媒体扮演着越发重要的角色。用户上传的图片或视频被引用为电视、报纸的头版；在各类事件中，从政治事件到娱乐新闻，从民生新闻到海外消息，利用社交媒体进行信息采集[①]。对于网民个体而言，他们以更加个人化的方式，在网络社群中描述事件及发表观点。技术手段的更迭与普及赋予了普通大众信息生产与传播的合法性。创作新闻并非新闻消费者的必需能力，但新媒介环境与传统媒体机构都在鼓励公民参与新闻生产与制作，增加更多的新闻来源，在实践中帮助个体了解新闻的复杂性，增强批判的能力。

① PAULUSSEN S，HARDER R A. Social media references in newspapers：Facebook，Twitter and YouTube as sources in newspaper journalism [J]. Journalism practice，2014，8（5）：542–551.

第七章　参与：游戏、性别与文化动力

参与的过程延续了对批判性思维的重视，是对内容进行分析与评估后所做的重要决定。参与是人类与新信息传播技术积极的互动，"提供了一种思考权力与意识形态的路径"[①]，并对个人与个人、个人与媒体、个人与社群、媒体与社群等关系进行了考量，解构了消费 / 生产的二元关系。

参与维度呈现了青少年用户在网络空间内多媒介使用与共享的实践图景，是在新媒体参与式文化的基础上对媒介素养的最新补充。随着互联网在日常生活中的日益深入，参与成为一种不可忽视和不可回避的文化力量。参与是青少年个体在不受干扰的情况下做出的选择，其行为可能对个体、群体以及社会产生影响，创造新的意义与社会关系。

参与意识是参与维度的最终目标。青少年的参与意识与个体或集体利益相关联，反映出他们谋求自身或社会现状改变的意愿，利用行动促进改变。在积极的在线参与过程中，青少年还需要省思与批判媒介的规则，避免落入刻板的媒介陷阱，去中心化地在网络空间中构建文化动能，协同创新，参与网络建设，解决信息传播技术发展可能引发的网络社会问题。

在诸多的网络活动中，游戏是最具有参与性特征的媒介产品，且有着跨媒介的特征。游戏并非直接明确地教授青少年网络技术或技能，但是游戏已经嵌入重视技术的媒介文化生态中[②]。游戏所形塑的是一个在设计时考虑到特定游戏性，并能够进行游戏性互动的信息系统[③]。游戏设计要求青少年对如何与游戏互动有最基本的理解，以更好

① PERKEL D. Copy and paste literacy? Literacy practices in the production of a MySpace profile［M］// DROTNER, K., JENSEN, H. S., & SCHRØDER, K. C.（EDS.）. Informal learning and digital media. Newcastle：Cambridge Scholars Publishing. 2008：203–224.

② ITO M. Hanging out，messing around and geeking out：kids living and learning with new media［M］. Cambridge，MA：MIT Press，2013：200.

③ JØRGENSEN K. Gameworld interfaces［M］. Cambridge，MA：MIT Press，2013：27.

地在当今的媒介环境中成为批判性的参与者[1]，最终对于游戏的诸多影响形成掌控力。

游戏成为青少年活跃的非正式学习的场景之一。在游戏中，青少年同时进行消费及生产行为：在游戏的交互中青少年可以获得获取实时信息、建立批判性思维、沟通协作的能力，最终解决问题。同时，游戏也在青少年的社会交往中起着关键作用，轮哈特（Lenhart）的研究认为参与游戏相关的在线讨论和参与游戏社区的活动，都与更高的公民参与度有关[2]。

一、性别与技术：被阻断的参与能力

（一）游戏：风格化的参与

互联网的可供性在传播与互动能力等多方面得到提升。青少年在参与的过程中，身份不断地转换，发展出更多的技能来满足自己的实践行动。他们可能是信息的策展人、风格的混编者、观念的劝说者，将网络空间开放、即时、多元、互惠的特性最大化。参与具有广泛的内涵，包括数字交往、自我呈现、编码解码、意义建构等。詹金斯共提出了 11 项核心技能覆盖该维度，包括游戏能力、模拟能力、表演能力、挪移能力、多任务处理能力、分布性认知能力、集体智慧能力、判断能力、跨媒介导航能力、网络能力与协商能力[3]，这些都是网络社会交往的必备技能。青少年在网络空间中善用新型信息传播技术，积极创造新的文本、内容、话语，推动媒介参与行为与媒介文化样式的转型。

游戏是网络空间的重要组成部分，通过游戏内圈层中的行为，玩家集合了詹金斯所提出的核心能力。在个体玩游戏的过程中，玩家并非盲目地在游戏世界探索，而是通过参与不断解锁丰富的游戏故事，解决游戏中的难题。在多人网络游戏中，玩家模拟真实世界的社交网络进程搭建游戏社群，玩家通过寻找替代性的身份进行信息的采集、加工与即兴的创新，基于兴趣、技能等，拓展互动关系，共享知识想法，挖掘自身潜能，达成共同目标。精通技术的玩家甚至更进一步创作自定义的游戏模组，通过不断改写增强游戏的可玩性。

---

① SCOLARI C A，Contreras-Espinosa R S. How do teens learn to play video games? Informal learning strategies and video game literacy［J］. Journal of information literacy，2019，13（1）.

② LENHART A，KAHNE J，MIDDAUGH E，et al. Teens，video games and civics：teens' gaming experiences are diverse and include significant social interaction and civic engagement［C］. Pew internet and American life project，2008.

③ JENKINS，H. Convergence culture：where old and new media collide［M］. New York：New York University Press，2006.

前文的调查中显示，性别并非素养能力差异的影响因素。媒介技术与游戏早已嵌入女性的日常生活，女性用户形成独特的消费市场，成为重要的分支。然而，长期以来，由于性别产生的数字技术鸿沟却并未消失。这主要是因为媒介产业与技术发展阶段就体现出了性别霸权与刻板印象。因此，本章研究将聚焦女性玩家，观照性别与技术的使用，探讨她们在参与维度的能力，以及性别在其中所产生的独特的文化动力。

笔者进入游戏公会、QQ群组、相关社交媒体平台进行参与式观察，关注游戏形式、游戏体验、游戏话语；并选取了25名女性玩家作为访谈对象开展半开放式结构访谈。受访者的年龄为15~30岁，多来自中国一线、二线城市。通过结合具体游戏案例，理解独特的女性玩家 / 粉丝群体在中国当下的网络文化场景中的物质消费、情感想象与准社会交往行为，探索其玩家 / 粉丝在参与过程中的身份认同、性别展演及虚拟关系互动中的主体性。

（二）边缘的玩家：性别差异与游戏参与

游戏议题本质问题应归于性别与技术的讨论。技术中心的游戏一直被视为男性中心的领域，女性玩家的可见度较低，女性参与也未受到重视。但是这并不代表她们没有进行游戏的意愿及行为，只是游戏产业无法为女性玩家提供适合她们的、满足她们兴趣需求的产品。

相较于女性玩家，男性玩家的游戏参与过程更为顺畅。在游戏设计中，更多的游戏是以男性为导向的，主要体现在游戏内容的呈现与游戏角色的性别设置上[①]。因此游戏行为本身也被赋予了强烈的、传统的男性气质。男性玩家更倾向于竞技性强、快节奏、高难度的游戏，他们对于游戏的定位是完成任务与击败对手。暴力与混乱也是男性玩家游戏的重要动因。游戏中的暴力因素可能引起的潜在风险早已被学界关注，作为男性高参与度的证据。男性玩家的游戏时间也更长。游戏为青少年男性玩家提供了满足社会对包容和情感的需求的机会，却没有为女性玩家提供相同的功能。在媒介呈现中，游戏在很长一段时间内被视作“男孩的玩具”，导致电子游戏被视为以男性为中心的活动，并且女性从小就被排除在外。

游戏设计环节中便长期忽略男性玩家和女性玩家在游戏偏好方面的巨大差别。关于游戏类型的自然选择的调查显示，男性玩家更喜欢对抗性强的游戏，而女性玩家更喜欢轻松、易玩、有趣的休闲游戏。非对抗性游戏在中国的女性玩家中持续占统治地

① OGLETREE S M，DRAKE R. College students' video game participation and perceptions：gender differences and implications［J］. Sex roles，2007，56（7-8）：537-542.

位[①]，而在互动合作性、技术要求强的游戏中，女性往往被异化。在角色的设定方面，剧情往往是单一男性主角，女性则是辅助男性达成目标，作为男性的客体存在。在女性角色的呈现上，女性角色多是被性化的，具有满足男性观看欲望的表征，是迎合男性想象构建的。[②]在游戏中女性常常也如同现实生活中，扮演着男性亲属，如兄弟、父亲、伴侣的辅助角色。这使得女性玩家在游戏中的地位更加边缘化，现实中的性别歧视被转移到网络空间中。“电子游戏与男性气质被等同化……男性气质因此在游戏产业中占据统治地位，而女性气质则被必要的边缘化”[③]，适合女性的游戏被看作面向“非传统的市场”，女性在游戏市场中逐渐被边缘化。

女性身份的认同在游戏中被建构，游戏“帮助玩家来定义他们的性别自我……通过整合、协商或者拒绝”[④]。一些量化的研究，关注了女性是否玩游戏、女性玩家的数量、玩何种游戏、和谁一起玩等问题，用数字来掩盖游戏中的性别问题，而未问题化或者进行质疑。

虽然从人口统计学上看，玩家之间的性别差异比例不再巨大[⑤]，数字技术的性别鸿沟和女性的边缘地位在近十年来却未有巨大的发展。这也使得学者质疑，游戏是否在强化性别刻板印象和性别二元论。托斯卡（Tosca）和克拉斯特鲁普（Klastrup）在研究中讨论了游戏中的时尚元素被认定为女性气质的特征，这种体现刻板印象的女性兴趣将一切都简单化[⑥]。尽管“所指在不同形式的影响产品和文化边界中流动”[⑦]，游戏并没能成功挑战在传统媒体，如电视、书刊中关于性别的刻板印象。过去《模拟人生》系列上市后，女性玩家及购买者的数量打破了当时的纪录。但是这款游戏的成功并没有让女性向游戏得到发展，女性在游戏中的呈现依然不足。

游戏话语的建构也将游戏引导向技术性，加强了刻板印象的威胁，阻拦了女性游

---

① GACKENBACH J, YU Y, LEE M N, et al. Gaming, social media and gender in Chinese and Canadian cultures［J］. Gender，technology and development，2016，20（3）：243–278.

② BURGESS M C，STERMER S P，BURGESS S R. Sex，lies and video games：the portrayal of male and female characters on video game covers［J］. Sex roles，2007，57（5–6）：419–433.

③ WIRMAN H. Gender and identity in game-modifying communities［J］. Simulation and gaming，2014，45（1）：70–92.

④ ROYSE P，LEE J，UNDRAHBUYAN B，et al. Women and games：technologies of the gendered self［J］. New media and society，2007，（4）：555–576.

⑤ QUANDT T，CHEN V，MÄYRÄ F，et al.（Multiplayer）gaming around the globe? A comparison of gamer surveys in four countries［M］//QUANDT, T., & KRÖGER, S.（Eds.）. Multiplayer: the social aspects of digital gaming. Abingdon：Routledge, 2014：23–46.

⑥ TOSCA S，KLASTRUP L. “Because it just looks cool!” –Fashion as character performance：the case of WoW［J］. Journal for virtual worlds research，2009，1（3），1–17.

⑦ KINDER M. Playing with power in movies，television，and video games：from muppet babies to teenage mutant ninja turtles［M］. California：University of California Press，1991.

戏玩家的参与可能或参与意愿。凯伊（Kaye）与潘宁顿（Pennington）的实验研究证明，当女性玩家面对男性玩家游戏表现更佳的刻板印象时，女性玩家在游戏中的表现会降低[①]。因此，尽管男性与女性在媒介的消费与生产能力比对中并没有差别，但是基于性别的技术数字鸿沟仍然被延展到网络空间中，降低了总体的参与动机。

二、女性游戏玩家的参与实践与文化经验

（一）女性向游戏的本土发展

得益于政府的大力支持与海外电脑游戏公司的投资，中国的电子游戏产业自千禧年起开始大力发展，中国玩家人数逐年增加，目前约有 520 万人。智能手机普及后，手机游戏在玩家中发展得更是火热。游戏逐渐成为中国青少年的娱乐方式之一，32.6% 的玩家年龄为 10~19 岁，47.9% 的玩家为 20~29 岁[②]。手机改变了电子游戏的方式，从群体的多人联机游戏转为更适合个人的娱乐。

中国游戏市场伴随着游戏行业的快速发展及游戏设备的普及进入纵深发展阶段。女性玩家数量逐年增加，成为游戏市场的主要消费群体。游戏嵌入中国都市女性日常生活实践。截至 2018 年，中国女性游戏玩家已达 2.9 亿，约占中国游戏玩家规模的 50%[③]。“男性主导游戏”“女性不爱游戏”等刻板印象被迅速解构。然而，由于游戏产业长时间倾向于男性市场，在技术经验、人才构成、游戏设计等环节依然以男性需求为导向，长期忽视了女性玩家需求。刻板印象作为文化贫瘠的表现在青年女性间固执存留。女性游戏兴趣被过度简单化，市场上的女性游戏仍以轻度游戏为主。

风靡于日本的乙女游戏是女性向游戏的一大分支。乙女游戏采用女性主观视角，将一名女性作为主角与多名男性展开恋爱叙事，进行冒险和幻想。乙女游戏以著名声优、精美画风、恋爱情节等特征获得女性玩家的青睐，全球的玩家数量都在增加，并且由此展开了女性话语与女性形象的研究。2017 年末，芜湖叠纸网络科技有限公司发行的《恋与制作人》，迅速成为一场全民狂欢。一时间，社交网络上出现了无数“白夫人”“李太太”“许墨老婆”“周萌萌妻”。2018 年初，《恋与制作人》令游戏产业重视女

① KAYE L K，PENNINGTON C R. “Girls can’t play”：the effects of stereotype threat on females’ gaming performance［J］. Computers in human behavior，2016，59：202-209.

② GACKENBACH J, YU Y, LEE M N, et al. Gaming, social media and gender in Chinese and Canadian cultures［J］. Gender，technology and development，2016，20（3）：243-278.

③ 中国音数协游戏工委，等 . 2018 年度中国游戏产业报告［EB/OL］.（2018-12-21）［2020-01-30］. https://max.book118.com/html/2019/0401/6122200025002021.shtm.

性玩家的游戏需求及消费动能。

《恋与制作人》吸引了大量用户，其中女性玩家占比高达 80.2%，她们大部分为 18 岁到 24 岁的青年女性，并具有多年游戏经历。她们在这场狂欢中展示出强大的消费能力。通过“氪金”，即在游戏内进行充值消费，玩家可以与男性角色展开包括约会、发信息、煲电话粥、朋友圈点赞等多元的模拟现实的互动活动，完成自身的情感投射。游戏营造的对理想男性形象以及完美恋爱关系的“幻想”，满足了不同女性的审美及对男性的想象。恋爱对象的身体与性格也成了被窥视和消费的扁平形象，替代性地满足女性渴望被宠爱、被仰慕的内在需求，使得女性玩家沉浸其中，最终在游戏文本中完成虚拟亲密关系“女 / 男”朋友的想象性建构，重新审视了自身对两性关系的认知，获得自身的愉悦。通过对性与性别的游戏内建构，游戏承载了女性玩家的情感、欲望、价值，投射了女性的内心观念与认同表达。“生产的主动性”已经不再被男性所垄断，女性从“被看”转向主动凝视，构建独特的欲望话语，在一定程度上颠覆了传统的社会文化及权力关系。

（二）在线参与：互动、愉悦与满足

1. 沉浸与幻想

女性向游戏主要是通过想象完成与主人公的无缝衔接，让玩家进入游戏规定的场景中，将内心情感投射到游戏主角的身上，替代主人公与游戏中的不同男性进行互动，推动情节的发展。在这类游戏中，女主角被众多长相英俊、身世不俗、才华横溢的男性围绕且宠爱，共同谱写爱情的美好篇章。《恋与制作人》套用好莱坞公主与王子的范式，游戏中的男性各有特点，身上拥有忠诚、勇气、进取等美好品质，满足不同女性的审美及对男性的想象。情节和角色的完美设定相较于传统的浪漫故事，追求极致的纯爱，塑造了完美的爱情世界。玩家可以根据自己的理解，通过不同的对话选项，跟进不同的故事线。错综复杂的游戏架构加强了玩家的参与度与沉浸感。她们将情感投射在游戏角色上，表达她们潜在的对现实的期盼；同时她们感受游戏人物的情感和内涵，将这种理想化的状态投入自身，将自我与角色合为一体。

鲍曼（Bowman）等人的研究用“角色依附”（character attachment）来理解玩家以及角色在互动性日益增强的媒体环境中的关系，并认为玩家对角色的认同感、控制感和责任感在理解玩家行为的动机与意义的研究中有重要作用[①]。玩家不再只是从一个遥

---

① BOWMAN N D，SCHULTHEISS D，SCHUMANN C. “I'm attached and I'm a good guy/gal!”：How character attachment influences pro-and anti-social motivations to play massively multiplayer online role-playing games［J］. Cyberpsychology，behavior and social networking，2012，15（3）：169-174.

远的视角来见证游戏角色的行动，而是被置入这些行动之中，拉近二者的距离。在这个过程中，女性进入了雅克·拉康（Jacques Lacan）提出的镜像阶段，将游戏中的女性形象作为一种自我心理的镜像反映。游戏角色可以理解为拉康的“镜像理论”的延展，游戏角色引起玩家的关注，玩家不仅操控着角色，更是在游戏的过程中被鼓励透过角色来反观己身。拉康的“镜像理论”认为，婴儿在6~18个月的时候，第一次认识“我”，进入镜像阶段，在对镜像的虚幻的认同的基础上，人的主体意识开始建立。镜像世界里充满了想象与欲望。银幕如同镜子，玩家则如同婴儿，与游戏中的形象认同就像梦一样，通过伪装具有合法性，以此满足我们潜意识里许多本能欲望。经由商业公司制造的角色连接了虚拟与现实的自我，个体被压抑的欲望得到宣泄。

“我没有谈过恋爱，平时除了工作能接触到的异性朋友也不多，对于爱情是有期待的。”（GXL91F-7）

在访谈过程中，受访者们承认乙女游戏中的角色与情景是符合自身想象的，是和个人生活勾连在一起的。她们认为游戏中的角色承载着自我在日常生活中无法呈现的状态，与自身的气质是相似的，这使得她们能够在虚拟空间中互动，“设身处地、通过男女主角之间的关系来体验那种在日常生活中要给予别人而得不到足够回报的情感援助”[①]。这种浪漫的想象给予玩家一种补偿性的愉悦。

2. 女性凝视与情欲

在商业社会中，男性和男性的身体成为被凝视、被消费的对象。“细长、安静和俊美的男性气质，代替了健硕、躁动和粗犷的传统男性气质，越来越适合不断强调性别主体意识的城市文化女性观看。”[②]西格蒙德·弗洛伊德（Sigmund Freud）认为每个人的潜意识里都有窥视他人的欲望；劳拉·穆尔维（Laura Mulvey）则延续讨论了在凝视中“影片的情色快感，它的意义，尤其是妇女形象的中心地位的交织”[③]。游戏创造了一个与世隔绝的私密的空间，提供了一个窥淫幻想的场所。女性的快感从被动的、必须压抑对性欲能力的渴望转向主动的看。游戏中男性角色按照女性幻想中的完美存在，“其外貌被塑造为极具视觉冲击力和情欲感染力”[④]。

在对男性的观看与凝视中，女性玩家通过想象和幻想建立了自己对原始欲望的系统。她们重新审视了自身对两性关系的定位，以平常心正视作为女性的权利与需求。

---

① ［英］约翰·斯道雷．文化理论与通俗文化导论［M］．2版．南京：南京大学出版社，2006.

② 周志强．浪漫“韩剧”异托邦的精神之旅［J］．文艺研究，2014（12）：5-13.

③ MULVEY L. Visual pleasure and narrative cinema［C］. In visual and other pleasures. London：Palgrave Macmillan，1989：14-26.

④ 王进进．劳拉·穆尔维的“凝视理论”探析［J］．电影文学，2010（20）：12-13.

这背后虽然隐藏着商业力量“借助‘魅力’展示的方式培养大众的消费欲望”[①]，但是生产的主动性已经不再被男性所垄断，女性获得了进入话语体系的权利。

3. 社群、社交与资本

后现代女性主义认为，网络空间所具有的诸多特质，如无限的体量、匿名的环境、多向的交互及多媒体手段，使其成为女性话语的重要空间。社交功能是影响女性游戏偏好的重要因素，而网络则使女性社交的空间进一步扩大。网络空间“给女性提供了一个诉说空间，在这里可以避开男性霸权文化、‘他者’眼光等压抑性力量，较为自由地书写与宣泄，为无处诉说的内心世界和隐秘情感洞开一片较为自由的天地，使得女性的本能欲求与审美体验等女性文化与审美得到更大程度的抒发与彰显”[②]。刻板的、对立的二元性别论也在虚拟空间中得以扭转或改写，杜绝了外部的质疑，而形成新的意见公共空间。

将游戏放置在网络公共空间中讨论青少年女性玩家的社会文化与话语型构，是理解其日常游戏参与活动的重要方式。游戏玩家除了在私人空间中进行游戏的体验，也同样有多种选择进入线上社区。官方网站、社交媒体等都鼓励玩家进行交流与创作。聊天、与他人联结、形成并维系关系。参与不同的社会文化群体的活动，也是学习网络素养“阅读”（输入）及“书写”“输出”的过程。

玩家的社交方式包括官网、B 站、游戏内公会、QQ 群、微博，与其他玩家进行对话，内容包括游戏经历、个人偏好、生活经历等。有些受访者甚至希望获得其他玩家的反馈，只是纯粹的自我揭露。有受访者连续三天在留言板写下了数学老师请吃饭的经历，即使没有陌生的玩家产生好奇心与她闲聊，她依然乐此不疲。

线上的游戏社群拥有形塑玩家的力量，使得玩家更有融入感。在交流中，用信息交换方式，获得游戏资本。游戏资本包括个人经验、知识、技巧等，帮助个体在社群中获得地位。创作者与消费者的身份相互转换，玩家 / 粉丝群体创作游戏相关的“同人作品”（fan works），如小说、漫画、玩具等，通过对游戏故事天马行空地扩充与改写，满足消费者的幻想，在传达情感中完成后现代的消费实践的转变。消费者对于原作及其衍生品产生兴趣。这也体现了他们与游戏文本关系的连接与延续。康得里（Condry）将这种行为描述为“协作创造”（collaborative creativity），专业与非专业的创作者进行

---

① 李勇 . 媒介时代的审美问题研究［M］. 郑州：河南人民出版社，2009.

② 付筱茵 .“女性向”与“网络女性主义”——近年热映都市青春爱情片新观察［J］. 电影艺术，2017（3）：68–73.

联动，加速了内容的传播[1]，创作得让女性玩家更加沉浸在情感消费之中。

“这些同人作者都蛮厉害的，他们让游戏里的角色更加立体、更有人性、更符合我们的想象。可能因为ta们都是在写自己的‘老公’吧，哈哈哈。”（WW04F-7）

在交流过程中，游戏通过想象、在线互动等一系列媒介活动，进行自我揭露与展示，通过表演完成对自我身份的形塑，完成“关于自我的工程”[2]。游戏玩家们展开的社交活动，其基本模式与现实社会的社交有着紧密的联结。网络中的社交鼓励受众摆脱包括性别、年龄、工作等社会因素的束缚，在漫无边界的互联时空中呈现多重的身份、角色，表达与收集多样的观点，并以同侪的鼓励作为刺激，激发用户参与的情感。此类玩家主动的媒介消费，正如丹尼斯·麦奎尔（Denis McQuail）对“使用与满足”理论所理解的那样，反映出受众某些有意识的需求得到了满足。这种自我的满足在网络中流动与变化，包括帮助受众获得休闲、娱乐、逃离现实等，也在一定程度上影响着现实物理空间中的其他人。

（三）线下参与：情感归属与集体认同

女性玩家更将这种情感投射延伸至游戏之外，自主自发地完成一场超越次元壁的“全民造星”运动。游戏角色被赋予新的意义，转型虚拟偶像。在游戏既有设定之外，又额外附加上更为复杂、完美、神圣化且私有化的人设光晕，激发女性玩家 / 粉丝的应援实践，构建了女性玩家 / 粉丝文化行为动能。新时代的女性玩家 / 粉丝在游戏角色 / 偶像身上寻求荷尔蒙投射与情感归属，更展现出“青年人消费文化的符号嬗变、青年自我寻求社会认可的颠覆映射及青年发展中的后现代主义成分”[3]。

1956年，心理学家霍顿（Horton）和沃尔（Wohl）提出“准社会交往”概念，用以描述电视媒介时代受众因对屏幕影像 / 角色产生迷恋而想象的人际交往关系。网络时代的“粉丝 / 偶像”迷恋并没有因为使用媒介的转变而消退，反而借助互联网空间无限的体量、多元的环境、多向的交互及多媒体手段，构建了一个可以避开“他者”眼光的场所。曾经有限的、单向的“准社会交往”模式，在网络传播和社交媒体时代发生了转变。对于女性玩家 / 粉丝而言，其“女性的本能欲求与审美体验等女性文化与审美得到更大程度的抒发与彰显”[4]，与“被偶像化”的虚拟男友形象建立虚拟亲密关系，展

---

① CONDRY I. The soule of anime：collaborative creativity and Japan’s media success story［M］. Durham：Duke University Press，2013：2.

② COULDRY N. Media，society，world：social theory and digital media practice［M］. Cambridge：Polity，2012.

③ 沈杨 . 网络虚拟偶像粉丝现象的逻辑窥探及其引导路径——以二次元唱见“洛天依”为例［J］. 青年发展论坛，2018，28（6）：86-92.

④ 付筱茵 .“女性向”与“网络女性主义”——近年热映都市青春爱情片新观察［J］. 电影艺术，2017（3）：68-73.

开自主性的日常互动，形成集体的认同。

集体认同是“个体与社群、类属、实践或机构在认知、道德、情感层面上的联系”①。集体认同的过程，包括对共同目标和行动方式的认知定义，个体关系网络之间的相互影响，以及有助于共同团结感的某种情感投入。通过详细的分类，《恋与制作人》的玩家因对游戏中角色的偏爱为自身贴上标签，寻找“组织”，并组织线下活动。特别是在游戏角色的生日时，玩家 / 粉丝斥巨资进行应援与广告宣传，投放体量媲美商业明星。在“角色 / 偶像—玩家 / 粉丝”的准社会交往情境中，通过对虚拟人设的想象与消费，建立新型的主客体关系。玩家在建立了游戏角色身份、现实世界身份之后建立了游戏粉丝身份，也为其转变为情感劳工奠定了基础。

被访者 NM95F-7 是一位“许夫人”，在参与游戏 3 个月后，NM95F-7 从游戏主角中选出了自己的“本命”，在游戏中是集教授、博士生导师、天才科学家于一身的许墨。作为一位合格的“许夫人”，应当“智商在线，和许墨保持在同一高度，所以要读许墨提到的书，看许墨提到的电影，做有文化的许墨老婆……有些书太难了，比如什么《疯癫与文明》，还是看看电影好了”（NM95F-7）。在准社会交往中，玩家 / 粉丝没有受到社会群体对粉丝刻板印象的责难，更全心全意地投入跨越次元壁的追星事业。除了关注线上的“墨学研究”，NM95F-7 还积极关注并参加了线下活动。玩家 / 粉丝们在北京、上海、广州、成都等城市举办了“许墨生日会”。

“我参加的是北京场，上海是游轮生日会，有直播，还请到了配音老师……北京场的人也不少，有好多‘许夫人’小姐姐和小妹妹，大家都很可爱。现场活动充斥着许墨主题……咖啡师还问寿星什么时候到，哈哈……”（NM95F-7）

玩家 / 粉丝以区别于三次元娱乐产业的追星方式标识身份，在与角色 / 偶像的准社会交往中制造偶像，为推动出圈做出贡献，在性别展演中完成自我价值的实现。

对于游戏外的身份，女性玩家呈现出当代独立女性的特质。对于游戏、角色、现实的关系勾勒，尽管游戏站在了女性视角，也确实俘获许多女性玩家的芳心，但刻板的关于男性气质和女性气质的性别身份依然存在。“从古希腊到当代，女人的地位也同样一直在经历着表面变化，而这种地位决定了女人的所谓‘特性’……她对事实或精确度缺乏判断力。”② 被访者认为“柔弱、谦逊、自然、需要帮助”（WHQ92F-7）占据主导的意识形态地位，与“热情、自信、独立、自强”（WN90F-7）的现实情况脱节。

① POLLETTA F，JASPER JM. Collective identity and social movements［J］. Annual review of sociology，2001，27（1）：283-305.

② 波伏娃 . 第二性［M］. 陶铁柱，译 . 北京：中国书籍出版社，1998.

在"玛丽苏"的剧情中，传统父权制价值观念延续，女性的主体性是缺失的、从属于男性的。传统性别观念设计框架的游戏中，男性依然体现了强势的一面，在身体力量、意志力、才智方面都超越常人，他们为保护女性而战。女性提供了如温暖的母亲一般的安全港和避难所，"迎接武士们，令其放松、休息"①。女性的生活因为男性英雄角色的出现而变得精彩。"从一定意义上说，她们是成就和装饰英雄的一个符号。"②女性自我独立价值的实现被不同程度地淡化，在游戏中也是容易犯错且需要被保护的弱势形象。

被访者认为对角色 / 偶像的迷恋，是通过"感性崇拜与理性应援"（WN90F-7）的交织所成就的。青少年女性玩家在游戏世界中并非盲目的消费者，而是能够通过游戏积极地完成自我的构建与情感的满足。女性玩家脱离故事剧本预设的关于性别的表演，完成浪漫的想象，同时在认同中同商业资本逻辑内父权意识形态进行抗争，使她们获得自我肯定与相对的自主性。在参与中重新审视了"玩家 / 粉丝—角色 / 偶像"的虚拟情感，实现浪漫想象与现实自我的平衡，展示新时代中国青少年女性在多元文化语境中的内容建构与意义生产的能力。

游戏的过程包含了参与式素养下的核心能力，玩家的参与实践与文化经验印证了性别并非影响参与能力的描述，并且形成了不同性别下的参与特征。基于性别的数字技术鸿沟源于核心产业在技术及文化上对于性别的排斥，并有愈演愈烈之势。为了对抗性别霸权对参与能力的阻碍，女性玩家在游戏实践中积极进行内容建构与意义生产，形成自身独特的文化样态，提升自身参与的能力与意识。对于如此令人沮丧的情境，除了女性玩家自身的参与，讨论和分析女性在大众文化中的再现等问题也具有重要作用。

目前，游戏这一媒介仍然被许多人误解，它应当同电影、书籍和音乐一样被视为艺术表现的有效形式，形成文本、听觉及视觉联合创造的荧屏世界，融入青少年日常生活中，通过游戏式传播的路径，在流行文化的语境下形成新的网络素养教育范式，帮助青少年在游戏互动的过程中成为明智且具有批判能力的人。

---

① 伊利格瑞．他者女人的窥镜［M］．屈雅君，等译．郑州：河南大学出版社，2013.

② 汪代明，范美霞．网络游戏中的女性形象探析［J］．中南大学学报（社会科学版），2006，12（2）：247-250，254.

第八章　青少年网络素养的发展观

一、结语

互联网的诞生，是技术发展史上最具有颠覆性的变革。连通网络，在鼠标的点击与键盘的敲打中，互联网用户可以获得最具即时性、开放性的媒介内容，是最便捷、最快捷的信息服务。自中国全面拥抱互联网以来，人民群众切实体会到技术发展之快。从 Web1.0 到 Web3.0，从移动梦网到 5G 网络，互联网全面覆盖了人们日常生活中的基础应用、商业贸易、网络金融、数字娱乐、公共服务等。互联网所构建的，是交织着个体、媒介、社会三者的媒介环境，在政治治理、经济发展、文化生产中维持着“恒温”的模式。

中国的互联网用户主要为 10~39 岁的青少年，他们伴随着新媒介、新技术成长，被称为“数字原住民”，与其长辈世代进行区隔。青少年不仅指代他们的数字年龄，而且表明他们是网络技术的积极使用者、网络实践的积极互动者、网络文化的积极建构者。在数字化、网络化的生存中，他们形成网络公众，进行自我的表达与认同的塑造。

互联网成为推动青少年社会化进程的重要因素。青少年的社会化是其由自然人向社会人过渡的阶段，也是其正确世界观、人生观、价值观成形的重要阶段。网络素养的习得能够帮助青少年有效利用互联网技术，完善自我，避免网络成瘾、技术依赖、信息焦虑、群体孤独、伦理混乱等危机。通过国家层面与教育层面的推广与倡导，以及家庭层面与个人层面的努力，青少年的网络素养在政治、经济、文化、社会环境中逐渐习得。

网络素养脱胎于文学素养中阅读与书写的能力，并沿用于人们对大众媒介的认知、了解。最初保护主义范式下的教育者与被教育者意识到应该从原有的媒介识读的框架中跳出来，在横向上作为能力的集合、学习的过程、权力的赋予及文化的流动产生出丰富的内涵；在历史发展纵轴上，素养因传播技术的发展被冠上了不同的前缀，包括读写素养、屏幕素养、计算机素养等。互联网又被置于社会实践的框架下，为学者所关注，拓展出参与素养、移动素养、官能素养等研究取向。

本书在网络素养知识谱系与发展脉络的基础之上，采用传播学、社会学、心理学、教育学的理论路径，构建“双同心圆”的理论框架。通过以质化研究为主、量化研究为辅的混合方法路径，对中国青少年在互联网媒介环境中的线上及线下空间的展演进行深描。结合具体案例，从认知、学习、近用、批判、参与等维度，对青少年的网络素养进行考察。

总体而言，我国青少年网络素养水平较高，但在批判性思维与媒介生产方面尚有不足。（1）认知维度：青少年在基础的媒介技术掌握和操作方面表现优异，具有良好的数字流畅性，但是在创造性生产方面就较为不足。在影响因素方面，性别因素不具有显著差异，教育水平、使用时长及媒介素养课程的开设，都对网络素养有明显作用。此外，个体生命经验对媒介及素养的认知产生影响，包括第一次接触互联网、青春期、大学阶段等。（2）学习维度：青少年已经主动融入泛在知识社区中进行自主的学习，然而铺天盖地的垃圾信息成为其学习环节的阻碍。信息焦虑与信息垄断并未对青少年产生较大的影响。互联网所形成的知识问答社群，成为正式教学的延伸，通过与同侪的学习交流以及知识共享，有效促进知识传播与素养的建构。知识付费也同样帮助用户筛选信息，但要注意放缓知识垄断的威胁，可能造成知识鸿沟和数字鸿沟的增大。（3）近用维度：当青少年进入跨文化的媒介环境中成为数字旅居者时，并非所有青少年都如预设的那般成为创新技术的早期采纳者，文化适应这一外部因素对于青少年的新媒介接入与使用具有影响，青少年内部产生差异性分化，不能以一概全。（4）批判维度：面对“后真相”对媒介环境的破坏，青少年的新闻消费习惯与方式反映出他们对于严肃新闻的忽视，对公民意识也未重视，因此，新闻素养教育的框架应当分离、打破学科限制，依据青少年的新闻消费习惯进行重构，最终提升他们的批判能力。（5）参与维度：参与是复合能力的体现。尽管性别不被认为是网络素养的影响要素，但是性别产生的数字技术鸿沟却尚未弥合。女性玩家作为高参与的掌握者，其游戏行为与经验显示了其主动性与主体性，通过准社会交往的方式积极进行内容建构与意义生产，通过参与来对抗商业资本主义的逻辑。

二、青少年网络素养的全球视野

（一）西方经验

面向青少年的媒介素养教育课程从无到有，从教师个人行为转变为集体推广，历经数十年教育变革，逐渐进入许多西方发达国家的基础教育课程体系。随着互联网的快速发展，媒介素养教育实践开辟了网络素养教育的模块，成为青少年媒介使用与保护机制的新领域。网络素养教育“只有在正规学校教育体系里扎根，才能取得更彻底的成果”[①]。美国、英国、加拿大、澳大利亚、日本、韩国、新加坡等国家都在学校开展了网络素养教育课程，或作为一门独立课程，或作为交叉课程与其他学科并行。各国也多以政府为主导，以学校为阵地，以社区与家庭为辅助，推动青少年网络素养教育的开展与实施。

1. 英国

英国是较早将媒介素养纳入基础教育体系的国家之一。在 20 世纪 80 年代末，英国政府就将媒介素养置于“信息传播科技”课程中。随着计算机技术的发展，编程（programming）课程于 2013 年也被纳入英国中小学课程，打破了技术迷思，让青少年通过技能学习适应新媒介环境的需求。传统媒体机构BBC也加入了计算机教育[②]，开发出 BBC Micro Bot 鼓励各层次的青少年随时随地加入计算机书写软件和内容创意中。

在关注技术的同时，英国议会委员会（The Parliamentary of United Kingdom）也考虑到社会、文化、公民性等问题，将网络素养视作“继阅读、写作、数学后的第四个支柱”[③]，倡议将网络素养作为必修内容纳入“个人、社会、健康与经济教育”（Personal，Social，Health and Economic education）课程中。作为个人内化的发展项目，帮助青少年自信地走进网络世界。英国信息专员办公室资助的在线项目还推出网络隐私工具包[④]，帮助青少年儿童应对潜在的突发问题与可能伤害。

此外，英国尤为重视对于教师的培训，增强中小学教师的数字理解力、数字管理力与数字自信力。英国开放大学与 e-skills UK 组织推出了全国性的教师培训项目，帮助教师与时俱进地适应青少年的学习需求。

---

① 李月莲．香港传媒教育运动：“网络模式”的新社会运动［J］．新闻学研究，2002（71）．

② BBC MEDIA CENTER. BBC micro：bit launches to a generation of UK students［EB/OL］．（2016-03-22）［2020-01-31］https://www.bbc.co.uk/mediacentre/latestnews/2016/bbc-micro-bit-schools-launch.

③ PARLIAMENTARY COMMITTEES OF THE UNITED KINGDOM. Digital literacy and personal，social，health and economic（PSHE）education. Impact of social media and screen-use on young people's health［EB/OL］．（2019-01-31）［2020-01-31］．https://publications.parliament.uk/pa/cm201719/cmselect/cmsctech/822/82202.htm.

④ 陈彤旭．国外青少年媒介素养教育综述［J］．青年记者，2020（2）：32-33.

2. 美国

除了针对 K12 阶段的网络素养教育，美国更加重视对于非基础教育阶段的青少年的网络教育。美国青少年对网络基础知识与数字学习使用的程度相对于 20 世纪情况较好，但在许多数字话题的认识上依然有限[①]。因此，诸多高校、企业、非营利组织纷纷推出网络素养的在线资源与工具包，基于教学实践、研究经验，鼓励学生、教师进行经验分享。例如，谷歌推出了一系列工具与课程，来提高网络素养与网络公民性；罗德岛大学成立媒体教育实验室（Media Education Lab），提供青少年阶段网络素养教育的公共项目、教育服务、多媒体课程资源，进行跨学科的研究；非营利机构 Common Sense 则致力于通过提供 21 世纪需要的可信赖的信息与教育资源，来改善儿童和家庭的生活。

人工智能等新兴技术也迅速成为青少年课堂学习的新内容。“K12 阶段的 AI 教育”（AI for K12）工作组正在开发基础教育阶段的人工智能课程学习标准[②]。研究人员也在探索如何在创造性的编程互动中加入人工智能，在技术层面紧跟发展的主线。

除了青少年教育，家长的网络教育也被提上日程。对于青少年长期“在线”使用电子设备的情况，许多家长还是持恐惧与反抗的态度，“更倾向于追踪、监控和锁定”[③]。家长的网络教育将避免过度保护所造成的青少年网络素养习得阻碍，帮助青少年更好掌握应对复杂环境所需要的能力。

3. 澳大利亚

进入 21 世纪之后，澳大利亚越发重视培养青少年网络素养与科技创新能力。2000 年，澳大利亚政府颁布了《在网络世界中学习：适应信息经济的学校教育行动计划》（*Learning in an Online World: The School Education Action Plan for Information Economy*）这一全国性的框架，而后又在此基础上不断推出更广泛的行动计划。2009 年，澳大利亚投入 24 亿澳元推动“数字教育革命”（Digital Education Revolution），培养青少年网络素养，为数字时代做好准备。

澳大利亚政府不断尝试开放新课程与新项目，建立全国性数字教育网络系统，来提升学生的批判性思维、创造性思维与计算机思维，例如，“数字技术聚焦项目”（The

---

① VOGELS E，ANDERSON M. Americans and digital knowledge [EB/OL]. (2019-10-09) [2020-02-29]. https://www.pewresearch.org/internet/2019/10/09/americans-and-digital-knowledge.

② LONG D，MAGERKO B. What is AI literacy? competencies and design considerations [C] // BERNHAUPT, R., MUELLER, F., VERWEIJ, D., & ANDRES, J. (Eds.). Proceedings of the 2020 CHI conference on human factors in computing systems. New York: Association for Computing Machinery, 2020.

③ BOYD D. Let kids run wild online [EB/OL]. (2014-03-13) [2020-02-29]. https://time.com/23031/danah-boyd-let-kids-run-wild-online/.

Digital Technologies in Focus Project)、“数字技术挑战”(Australian Digital Technologies Challenges)等，面向不同层次的学生帮助他们进行学习与编程。

澳大利亚政府全国范围“同上一堂技术课”的举措，是对《2014 年国家评估项目：ICT 素养报告》显示的青少年学生的网络素养进步不明显状况的回应。近年来，澳大利亚进一步加强对于学校数字技术与应用的重视，将技术作为独立的课程模块与关键学科，旨在培养学生善用技术应对不断变化的社会环境，降低风险。

4. 新加坡

新加坡将网络素养课程作为独立课程在中小学开设，重视网络信息特性、网络身份、合理使用数码产品、网络礼仪、网络霸凌、网络诈骗、知识产权等，使学生在网络空间中谨言慎行，保护自我。

新加坡网络素养教育极具特色，各方的协作形成可持续发展的素养教育生态。王国珍对新加坡网络素养教育在政府协调、公益资助、商业运作等方面的具体措施进行了梳理[①]。首先，政府成立专门机构针对网络素养课程进行发起、宣传、监管；其次，公益组织与基金的投入加强了对网络素养教育的专业研究与课程开发；最后，商业“外包”运作机制保障授课品质。同时面向社会发布针对中小学生的新手工具包[②]。

从教学目标看，网络素养是新加坡提出的“21 世纪学生核心素养新框架”(New Framework for the 21st Century Competencies and Outcomes)的重要组成部分，帮助学生在快速变化的现实世界与虚拟世界中生存；从教学设计看，学校将学生的日常生活经验设置为教学背景，在与日常实践的联结中，更好地提升网络素养教育的效果。此外，新加坡学者也在积极地探索理论框架[③]，用于评估学生的素养能力，为华人世界的新媒介素养做出积极贡献。

(二)中国行动

作为因互联网技术发展而衍生出的新概念，网络素养之于中国当代青少年至关重要。青少年网络素养的教育与提升，是培育健康网络环境、建构清朗网络空间的必要条件，是新时代的必要研究课题，具有高度的现实意义。近年来，国家在重视网络建设的同时，越发重视网络治理，对于青少年群体的网络素养培育提出了指向性的要求。

互联网影响青少年网民的求知途径、思维方式、价值观念，其思维方式又必然影

---

① 王国珍 . 新加坡媒体素养教育的运行机制——兼论对我国媒体素养教育的借鉴意义 [J] . 新闻记者，2011 (8)：79–82.

② 王国珍，罗海鸥 . 新加坡中小学网络素养教育探析 [J] . 比较教育研究，2014，36 (6)：99–103.

③ 林子斌 . 了解新媒介素养：一个理论的框架 [C] // 中国传媒大学，甘肃省广电局 . 媒介素养教育与包容性社会发展 . 中国传媒大学，甘肃省广电局：中国传媒大学新闻传播学部传播研究院，2012：95–99.

响其行为结构。因此，习近平总书记强调要加强全党全社会网络安全意识培养，发动全社会参与维护网络安全，培育“中国好网民”。“用社会主义核心价值观和人类优秀文明成果滋养人心、滋养社会，做到正能量充沛、主旋律高昂，为广大网民特别是青少年营造一个风清气正的网络空间。”① 十九大报告中，习近平总书记八次提到互联网，强调“加强互联网内容建设，建立网络综合治理体系，营造清朗的网络空间”②，为培育“中国好网民”提供了指引。各部门积极响应，深入贯彻习近平总书记关于培育“中国好网民”的重要指示精神，从顶层设计与具体落实上推进网民健康成长与网络清朗空间营造，推动我国网络信息事业茁壮成长。

中央网络安全和信息化领导小组办公室、国家发展和改革委员会、教育部、科学技术部、工业和信息化部、人力资源和社会保障部联合发布《关于加强网络安全学科建设和人才培养的意见》，为国家网络安全与人才素质水平的加强与提高，提出了具体措施意见，“鼓励高校开设网络安全基础公共课程，提供非网络安全专业学生学习掌握网络安全知识和技能……加强青少年网络素养教育……依法上网、文明上网、安全上网”③。

2017 年，中共中央、国务院面向全社会发布《中长期青年发展规划（2016—2025 年）》，充分体现了党和国家对青少年群体的高度关怀与期待。在青年思想道德发展措施层面，提出了强化网上思想引领的重要作用。“增强网络正能量，消解网络负能量。提升网络舆情分析和引导能力……在青年群体中广泛开展网络素养教育，引导青年科学、依法、文明、理性用网。”④《未成年人网络保护条例》也正式推出，进一步落实互联网主体责任，有效防范不良信息传播。同时“加强网络领域综合执法，严厉打击各类涉青少年违法犯罪”⑤，确保青少年在网络精神家园中葆有青春活力。

国家网信办自 2016 年正式启动为期 5 年的争做中国好网民工程，持续性推进“好网民”理念传播，培育网民具有“高度的安全意识、文明的网络素养、守法的行为习惯、必备的防护技能”。先后出台“微信十条”“账号十条”“约谈十条”，推进网络空

① 习近平．在网络安全和信息化工作座谈会的讲话［N］．人民日报，2016-04-26（2）．

② 人民网．习近平作十九大报告 八次提到互联网［EB/OL］．（2017-10-18）［2019-12-14］．http://media.people.com.cn/n1/2017/1018/c120837-29594814.html.

③ 中央网络安全和信息化领导小组办公室等六部门．关于加强网络安全学科建设和人才培养的意见［EB/OL］．（2016-07-07）［2019-12-14］．http://www.moe.gov.cn/srcsite/A08/s7056/201607/t20160707_271098.html.

④ 新华社．中共中央 国务院印发《中长期青年发展规划（2016—2025 年）》［EB/OL］．（2017-04-13）［2019-12-14］．http://www.gov.cn/zhengce/2017-04/13/content_5185555.htm#1.

⑤ 新华社．中共中央 国务院印发《中长期青年发展规划（2016—2025 年）》［EB/OL］．（2017-04-13）［2019-12-14］．http://www.gov.cn/zhengce/2017-04/13/content_5185555.htm#1.

间法治化；开展“净网”“剑网”等专项行动，加强清理、整顿、规范网络传播秩序；发起“七条底线”“网络安全宣传周”“护苗行动”“中国好网民”等系列活动，推动网络内容建设，弘扬正能量①。同时通过策划线上、线下并行的品牌活动，如《网络大讲堂》节目、“青年好声音”网络话题、全国大学生网络文化节、“中国好网民”公益广告设计活动等，传播网络素养知识，引导构建“网民引导网民、网民教育网民、网民带动网民”的理念，唤醒网民自发自觉、客观理性的思考。

2019 年末，国家互联网信息办公室正式颁布《网络信息内容生态治理规定》②。全文八章四十二条，系统规定了网络信息内容生态治理的宗旨目标、责任主体、治理对象、行为规范和法律责任，以更好地维护网络秩序，优化网络生态，服务广大人民在网络空间的合法权益，构建风清气正的网络空间。《网络信息内容生态治理规定》是对十九届四中全会精神的深入贯彻，是对中国互联网发展实践的深刻总结，是对互联网内容供给合法性的深度探索。

2022 年 6 月，在 2022 未成年人网络保护研讨会上，中国网络社会组织联合会未成年人网络保护专业委员会揭牌成立，并围绕网络素养的相关内涵发布“2022 年十项重点工作”，集聚优势资源，提升青少年数字技能和网络素养。

青少年担负着振兴国家和民族的重任，是主流意识形态的询唤主体。自上而下打造的青少年网民保护体系，为青少年网络化的日常生活提供了保障，一定程度上发挥“把关人”的作用。在课堂之外的非正式学习情境中，避免低俗不良信息对青少年的侵蚀，减少青少年受到的潜在伤害；通俗化的科普性学习材料，如《青少年网络素养读本》的推出，从根本上提升青少年的主动学习与自我教育。字节跳动公益部门也联合公检法部门、高校、律所、创作者围绕社交安全、隐私保护、网络暴力等议题生产内容，为青少年和家长提供知识和交流空间，在网络素养层面担负起企业社会责任。

学校、家庭、企业、社会多方联动的“保护＋教育”的模式，构建协同育人机制与社会支持体系，共同担负起青少年网络保护的重要使命，让青少年接受积极的、正向的网络文化，切实加强青少年的网络素养。

---

① 新华社．人民网评：“互联网＋”时代争当“中国好网民”［EB/OL］．（2015-06-19）［2019-12-14］．http://www.xinhuanet.com/politics/2015-06/19/c_127933123.htm.

② 中国网信网．网络信息内容生态治理规定［EB/OL］．（2019-12-20）［2019-12-20］．http://www.cac.gov.cn/2019-12/20/c_1578375159509309.htm.

三、反思与展望

在研究期间，我们不难发现青少年积极的在线展演，释放了其能动性，形成独特的风格，彰显复杂且矛盾的社会文化。网络素养的习得在青少年的网络实践中完成。然而，网络素养并非一个静止的概念。在这几年里，技术依然以肉眼可见的速度更迭。“VR 元年”“网络直播元年”“AI 元年”“5G 元年”“元宇宙元年”等语汇，象征着新技术的爆发。青少年在与新技术的不断交互与持续参与中，不断出现新的现实需求与社会问题。这意味着青少年的网络素养内涵是动态发展的。在青少年网络素养教育中，除了要解决常态问题，更要着眼新情况，依托网络空间中青少年的日常经验与文化创新，审视技术的迷思，最终构建全面、多元的网络素养教育体系。

（一）人工智能素养

在国家布局、经济市场、技术研发的多方导向之下，人工智能技术一跃成为街头巷尾最热门的话题，被称为“下一个数字边界”（next digital frontier）[①]，塑造了新的经济形态，促进社会智能化转向。高校纷纷开设人工智能相关的院系、学科、专业，形成“人工智能 + X”的培养模式[②]，从不同视角考察人与机器之间的关系。

有学者将当下称为“后数字时代”（post-digital age），体现了人类对“物理与生物学，新旧媒体，人文主义与后人文主义，知识资本主义和生物信息资本主义之间的模糊和混乱关系的认识不断提高”[③]。然而事实上，由于人工智能隶属于计算机科学，具有极强的专业性与极高的准入门槛，人工智能对于多数人而言，是一个技术的“黑箱”。越来越多的人知道人工智能的存在与发展，但是对于“何为人工智能”，仍然处于一个模糊的认知阶段。

人工智能是整个编程计算机领域的统称，是让计算机在不经过明确编程的情况下运行的科学。看似简单的文字背后，是人工智能所能解决任务的复杂性，如机器学习、语音识别、自然语言处理等。由于公众认知有限，首先应当将人工智能素养放在认知的维度进行通识教育的科普与宣传，构建“集知情意为一体的多维复合”[④]的知识素养。对于非专业的学生，需要理解人工智能的原理与特点，认识人工智能的功能与作用，

---

① BUGHIN J，HAZAN E. The new spring of artificial intelligence：a few early economies［R］. VoxEU. org，2017.

② 栾轶玫，何雅妍 . 融合技能　智能素养　价值坚守——多元时代的中国新闻教育变革［J］. 新闻与写作，2019（7）：34–42.

③ JANDRIĆ P. The postdigital challenge of critical media literacy［J］. The international journal of critical media literacy，2019，1（1）：26–37.

④ 汪明 . 基于核心素养的学生智能素养构建及其培育［J］. 当代教育科学，2018（2）：83–85.

并能在宏观与微观层面理解人工智能的必要性、重要性及其与社会的勾连，从哲学层次对人工智能可能产生的积极影响与技术风险进行审视。随后，在认识的基础上学习人工智能的能力，通过学习与人工智能产生联结对技术进行驯化。对于专业人士而言，拥有批判性思维对于人工智能素养的发展依然重要，要带着一种批判的态度去探索人工智能数字环境，检查评判其构成、理论取向及人工智能生成的种种可能。

当前正是我国人工智能发展的重要时期，并在青少年中开启新一轮的人工智能识读工作与素养培育，推动以智能教育为核心的教育信息化，形成"人工智能 + 教育"的新格局。面向不同年龄、不同学历、不同层次的青少年开设人工智能的课程，提升青少年人工智能素养，使其了解人工智能在社会生活各个领域的应用与实践，纵深推进，以应对未来新技术浪潮带来的新机遇与新挑战。

（二）游戏素养

在我国大众媒介语境中，"游戏"长期以来都是一个饱受争议的话题。"玩物丧志"的游戏行为，"网络成瘾"的游戏后果，使得游戏玩家往往被刻板印象贴上"贬低性、侮辱性的标签"[①]，为大众媒体污名化、妖魔化地构建，导致身份受损，受到社会的排斥。近年来，游戏的媒介呈现出中性化、理性化的趋势，人们开始意识到游戏的意义。

吉（Gee）从语言学的角度进行考量，将电子游戏视作一种融合多种媒体符号的互动语言[②]。青少年应当具有批判性的游戏体验，打破游戏的规则，培养批判性思维，而非被动接收游戏信息。同时鼓励玩家通过深度的参与，如对游戏的改编，形成系统性思维。白金汉等也认为可以从类似书面语言的视角分析游戏，在使用游戏"语言"过程中逐渐获得的能力，能够被明确地讲授，或在多种媒介形式间进行转移[③]。游戏的具体情境中，集合了詹金斯提出的诸多参与核心能力。青少年玩家在游戏过程中学习这些技能，完成社群的交往、自我的表达、模型的创建，进而反哺其在社会环境中的技能。

国内学者也日益关注游戏、教育与社会的相关议题，正视游戏在青少年中的流行问题，而且游戏中要求的分析能力、规划能力、行动能力等，都是对游戏素养的建构。扩展"作为表征的游戏"与"作为可玩的游戏"，运用"游戏知识、游戏规则、游戏技能、游戏动机与游戏情感、游戏意识"[④]，培养青少年多方面的能力。

---

① 燕道成，黄果．污名化：新闻报道对网游青少年的形象建构［J］．国际新闻界，2013，35（1）：110–117.

② GEE J P. What video games have to teach us about learning and literacy［J］. Computers in entertainment（CIE），2003，1（1）：20.

③ BUCKINGHAM D，BURN A. Game literacy in theory and practice［J］. Journal of educational multimedia and hypermedia，2007，16（3）：323–349.

④ 张倩苇．信息时代的游戏素养与教育［J］．电化教育研究，2009（11）：14–18.

游戏互动所圈定的具有特殊规则的“魔法圈”，除却内部的意义生产与目标达成，同样是玩家与社会文化的交流，是协商的边界。除了通过“严肃游戏”（serious game）、“劝服游戏”（persuasive game）或“游戏设计的专业培训”[①]对青少年起到教育作用，还可以代入现实世界，将游戏圈内的规则、系统、功能、能力作为现实世界的范本进行考量，融合社会生态与个人体验，形成创新驱动。在虚拟现实、人工智能等新科技的发展中，游戏素养又将进一步对原有游戏/现实世界进行解构与重组，带领青少年以全新的眼光解读世界。

（三）网络霸凌

网络技术的发展影响着青少年的价值形塑。网络融入日常生活空间，一方面拓宽了青少年的价值视野，另一方面则弱化了青少年的道德责任的问题。在网络引发的青少年道德社会化问题中，网络霸凌是青少年常遭遇的、普遍存在的现象，并且有加重的趋势。

网络霸凌是“一种在互联网和移动传播中出现的全新的媒介化的暴力现象”[②]。网络霸凌的场域随着网络技术、社交媒体的发展不断蔓延，进入网络公共领域，呈现出新的表现形式，如网暴、骚扰、诋毁、泄密、排挤等。网络霸凌常常以一种隐蔽的方式展开。例如，隐藏在粉丝亚文化下的“应援行为”，常常伴随着微博场域内一触即发的交锋。从人肉搜索到网络论战，网络霸凌通过集群的方式，以情感召集与恶意攻击，对他人展开伤害。

霸凌行为常常发生在缺乏成人监督的青少年之间[③]。各类信息平台的发展，为霸凌行为提供了便利。一方面，平台变相地放任了蓄意生事、滋扰他人的行为，另一方面，互联网的开放性与流动性，放大了伤害的程度，造成了恶性的社会影响。互联网环境，在赋予用户媒介权力的同时，却无法阻止权力被滥用，极大地破坏了网络空间的清朗，使得受害者遭受严重的心理创伤，相较于传统的霸凌行为具有更严重的影响。青少年处在价值观形成阶段，网络霸凌的抵御能力较弱，更需要受到重视，更需要通过网络素养的教育、倡导与干预行动的展开，避免匿名的越轨、群体激化与极化的升级。

青少年网络素养的提升，使得青少年越发重视自身所处的网络环境，并对网络中

---

① ZIMMERMAN E. Gaming literacy：game design as a model for literacy in the twenty-first century［M］// PERRON, B., & WOLF, M. J.（Eds.）.The video game theory reader 2. New York：Routledge，2008：45-54.

② 吴炜华，丁浩 . 媒介化的暴力、网络霸凌与青少年：研究回顾和中国视角［J］. 中国新闻传播研究，2016（1）：3-13.

③ RIGBY K. Children and bullying：how parents and educators can reduce bullying at school［M］. New Jersey：Blackwell Publishing，2008.

的文明、理性行为提出新的要求，呼吁全网、全民共同抵制，拔除包括网络霸凌在内的毒瘤。然而，“沉默的围观者”所呈现出的消极的、免疫的素养状态，成为提升网络素养的阻碍。因此，法律体系应当从外部填补个体网络素养的缺口，通过政策管控与行动治理的共同发力，对青少年进行正向引导，杜绝因网络素养不高所引发的网络霸凌行为。

（四）新数字鸿沟

数字鸿沟，指的是社会上不同性别、经济条件、居住环境、阶级背景的人在使用信息传播技术的机会与能力上的差异。数字鸿沟的早期研究主要考虑了数字设备的有无。随着信息技术的普及，网络作为日常生活基础性的应用工具，互联网接入能力已取得进步。Common Sense Media 的报告中显示，设备与网络接入性的差异相较过去正在减少。在低收入家庭中，72% 拥有家用计算机，74% 已连接高速互联网①。技术的惠普工作仍需继续开展，下一步需要针对经济不发达地区以及弱势群体加大投入力度，关注其对互联网的一般态度与物理和物质访问的过程。

在部分人群仍为互联网的物理接入而发愁时，新的数字鸿沟伴随着更多人的技术使用而产生。部分精英阶层的家庭开始有意识地控制青少年与儿童在数字技术上花费的时间，以避免因过度依赖信息技术对其脑部发育与人格发展造成消极影响。他们将技术比作一场巨大的社会试验，而试验的对象则是青少年与儿童。这种新数字鸿沟，本质上反映的是对技术善用的不足及网络素养的缺失的问题。初代的“数字原住民”仍处在成长阶段，信息技术对其个体发展与社会发展的表现形式与影响也尚处在评估探索阶段。但可以确定的是，家庭、学校、社会对避免技术崇拜的媒介使用所做出的合力引导，是提升青少年网络素养、缩小新数字鸿沟的必要路径。

另外，以算法与物联网为代表的新的物质技术的接入，也促成了新的数字鸿沟。算法与物联网已成为当今互联网的底层架构与基础设置，显而易见地影响了信息与内容的传达，嵌入社会部门的关键决策环节，互联网用户的算法意识与态度已经成为能动性的公共生活与民主的问题②。尽管如此，大多数青少年并不清楚其背后的运作原理。这种认知差异与信息不对称（asymmetries information）引发的算法焦虑（algorithmic anxiety），导致了算法权力和算法能力的严重失衡。由此造成的新数字鸿沟的权力关

---

① COMMON SENSE MEDIA. The common sense census：media use by kids age zero to eight［EB/OL］.（2017-12-31）［2020-02-24］. https://www.commonsensemedia.org/sites/default/files/uploads/research/csm_zerotoeight_fullreport_release_2.pdf.

② GRAN A B，BOOTH P，BUCHER T. To be or not to be algorithm aware：a question of a new digital divide?［J］. Information，communication and society，2020：1-8.

系，不只是在数字与算法之内，更是技术掌握者之间的失衡。

技术发展过快也导致了部分讨论的不足，例如，对青少年学习所需技能的影响，以及公共政策在解释不同技能水平方面的作用。对于新数字鸿沟带来的新的生活方式的考量，也成为网络素养培育新的发力点。企业与技术开发者应当承担起社会责任，避免因过度探索而产生的任何不利因素，加深对各种社会文化中技术使用方式的理解，设计出更有针对性的、适应性的应用，降低对新技术的准入门槛，提升技术的可理解性；媒体和教育系统应当在促进青少年决策和参与的数字技能方面继续发挥作用，通过超越使用技能本身的技术视野开展有效的教学实践与再培训；政策制定者则应当在青少年能动性不足的情况下，利用政策与法规，提高技术的透明度与可见度，保障青少年个体的技术习得，多方联动，避免新数字鸿沟的再度加深。

后　记

又是一个炎夏。前几日刚参加完北京联合大学2024届学生毕业典礼，和我作为班主任带的第一届学生们告别。看着他们乘风万里、青春飞扬，在朋友圈里晒出这些年来的时光碎片，不禁又回想起四年前没有毕业典礼的毕业季。“毕业”于我而言，多少有些匆忙。可惜在校的时光，终要结束，且不能好好道别，更无法多留下几张照片。

在母校还叫“北京广播学院”的时候，我就将其锁定为我的“梦中情校”。极其幸运的是，我作为一个“小白”成功通过艺考，进入电视学院学习，并且一学就是11年。作为起点，以“海底捞大学”闻名的母校从不吝于给学生提供各类机会。电视学院的老师们不仅教会我们如何记录现实、捕捉美好，更教会我们感知真实、拥抱世界。无论是实验创作还是参加会议、出国访学，我们都能遇见知己，携手进步。在这里，青春被书写，更被大写。

2009—2020年，作为传媒学子，我们恰好经历了网络媒体、移动媒体、智能媒体的创新扩散以及习以为常。从对传统媒介视听语言的学习，到各类媒介使用行为的探索，新闻传播学的范式随着技术发生迁移。一代代的青年不断以“凶猛”的后浪之姿，翻涌前进。然而表面的强悍，也隐藏着青少年们的强流动性。我从读研开始，就在导师的影响下接触青年研究。无论是线上观剧，还是升级打怪，抑或直播打赏、狂热追星，这些看似日常的举动，都呈现出独属于青少年的文化风格与话语特征。

网络素养则在青少年的媒介生活中发挥了至关重要的作用。网络素养是一种“工具”，帮助我国超过十亿的网络用户理解网络世界中的框架与规范。对于尚未形成正确世界观、人生观、价值观的未成年群体而言，网络素养需要基于保护范式进行教育及引导——中国网络社会组织联合会未成年人网络保护专业委员会的2022年十项重点工作中，也提出了提升网络素养的系列举措；而对于更广泛意义的青少年，我们需要根据实际情况，从参与范式出发，把握青少年的媒介日常经验及网络文化创新。

目前，网络素养的重要性已经得到了大众的认可。然而，网络素养的界定、网络素养的评价体系、网络素养的教育研究依然处在一个积极探索的阶段。网络化、智能化深度嵌入人们的日常生活。对于不同的用户群体，也应当提出更具有适应性的方案。本书的撰写结合了笔者的媒介观察以及田野调研，部分内容已在期刊、论文集、会议上投稿发表。本书作为博士论文仍然稚嫩，还有待在未来继续补充、探索。谨以此书作为自己人生的又一个新节点。

从毕业到入职，从学生到讲师，我仿佛是一个初学驾驶的新手，小心翼翼地踩下油门，稳步上路。回首过往，我想感谢这一路上陪我走过风风雨雨的可爱的人们。

特别感谢我的导师吴炜华教授。从硕士到博士，吴老师在学习与生活方面都给予了我无限的鼓励、支持与肯定，让我勇敢地挑战自己，让我多到外面的世界走走看看。我们之间亦师亦友的相处模式，令我更能感受其人格魅力。在对话中，他总是闪烁着人文关怀的光芒，分享他对社会、对媒介环境、对青年文化的独特见解，给予我智识的分享与启迪。非常幸运能够作为开门博士在吴老师的门下学习、成长。未来我也将继续以老师为榜样，希望自己在日后的工作、生活中能成为像吴老师一样的人，不负老师的信任与栽培。同时，要感谢几位良师的照拂。感谢夏丽丽老师日常对我学习生活的关心，在论文写作期间为我提供了重要的参考资料，鼓励我不疾不徐、稳扎稳打完成论文。谢谢张恩华老师的邀请，在 UMass Amherst 联合培养的这一年里，跨学科、跨文化的学习，使我在科研与英语上都获得了进步。感谢中国传媒大学电视学院的诸位老师在过去十余年的教导与帮助。

感谢北京联合大学应用文理学院。本书出版受到北京联合大学应用文理学院科研专项经费“落实三全育人，提升科研育人能力和水平”（12213611605-002）资助。感谢张宝秀、张景秋、杨奇红、李彦冰、李岩等诸位院领导，在课题申报、课程教学、学生工作方面，提出了许多宝贵意见。感谢新闻与传播系，让我搭乘上“先锋号”，从定福庄平稳驶入西土城。感谢杜剑峰、杭孝平、周春霞、刘文红、金韶、陈世红、陈冠兰、马君蕊等诸位前辈老师在工作中的肯定与照顾。感谢北京联合大学网络素养教育研究中心、中国网络社会组织联合会未成年人网络保护专委会为本书数据更新提供的诸多宝贵资料，也使我获得了与本领域学者交流的宝贵机会。

感谢我的父母与朋友们。从我高中坚持参加艺考开始，父母就在背后支持我的在他人看来“任性”“无谓”的举动。而后读研、读博、出国交流，他们尊重我的每个选择，让我更有勇气、有底气在离家数千公里之外开启每一段旅途。感谢每个阶段都有小伙伴们的陪伴，共同学习、共同进步、共同成长。

本书在编辑出版过程中，得到了中国传媒大学出版社曾婧娴老师与沈刘红老师的鼎力相助，在此表示衷心的感谢。

高胤丰

2024 年 6 月 25 日于北京

图书在版编目(CIP)数据

中国青少年网络素养的日常经验与时代图景 / 高胤丰著. -- 北京：中国传媒大学出版社，2024.6.

ISBN 978-7-5657-3679-7

Ⅰ. TP393

中国国家版本馆 CIP 数据核字第 2024AY2672 号

中国青少年网络素养的日常经验与时代图景

ZHONGGUO QINGSHAONIAN WANGLUO SUYANG DE RICHANG JINGYAN YU SHIDAI TUJING

著　　者 高胤丰
策划编辑 曾婧娴
责任编辑 沈刘红
责任印制 李志鹏
封面设计 拓美设计

出版发行 中国传媒大学出版社
社　　址 北京市朝阳区定福庄东街 1 号　　**邮　　编** 100024
电　　话 86-10-65450528　65450532　　**传　　真** 65779405
网　　址 http://cucp.cuc.edu.cn
经　　销 全国新华书店

印　　刷 唐山玺诚印务有限公司
开　　本 787mm × 1092mm　1/16
印　　张 9
字　　数 166 千字
版　　次 2024 年 6 月第 1 版
印　　次 2024 年 6 月第 1 次印刷

书　　号 ISBN 978-7-5657-3679-7/T · 3679　　**定　　价** 49.00 元

本社法律顾问：北京嘉润律师事务所　郭建平

